你好，中国果语

李宏震
徐洁佳

著

北京日报出版社

图书在版编目（ＣＩＰ）数据

你好，中国果语 / 李宏震，徐洁佳著. -- 北京：
北京日报出版社, 2024. 12. -- ISBN 978-7-5477-5066
-7

Ⅰ. S63；S66

中国国家版本馆CIP数据核字第2024R51U19号

你好，中国果语

出版发行： 北京日报出版社
地　　址： 北京市东城区东单三条8-16号东方广场东配楼四层
邮　　编： 100005
电　　话： 发行部：（010）65255876
　　　　　　总编室：（010）65252135
印　　刷： 天津画中画印刷有限公司
经　　销： 各地新华书店
版　　次： 2024年12月第1版
　　　　　　2024年12月第1次印刷
开　　本： 710毫米×1000毫米　1/16
印　　张： 11.5
字　　数： 135千字
定　　价： 78.00元

序言

在出版了《你好，中国花语》后，我们写了另一本书《吉祥谱》。书中蕴含大量的吉祥图案，其中元素既有花卉，也有果蔬，每个都对应了"有图必有意，有意必吉祥"的这一原则。比如苹果，发音源于梵语"频婆"，寓意端正美好。再比如萝卜古名莱菔，音同"来福"，象征福气临门。这些寓意引发我们进一步思考：既然花有花语，那么果是否有果语？果语在中国传统文化中又承载了怎样的精神内涵？由此，我们萌生了创作《你好，中国果语》的想法。

当我们决定选择果语这个课题后，面临了前所未有的挑战。相较于各式各样专门研究花卉的书目，果蔬领域鲜有人涉足，这也就意味着信息的整理研究更为困难。最让我们头疼的是插图问题。大多数古代植物学著作所配插图都勾勒得过于简单，让人无法辨别植物的真实样貌；而选择现代植物照片，又无法契合果语承载的传统文化的韵味。

我们翻阅了大量本草古籍，一本名为《植物名实图考》的植物学著作让我们眼前一亮。其植物种类之丰富，绘图之精细，考证资料之广泛，令人叹为观止。《植物名实图考》的作者为清代植物学家、博物学家吴其濬。他热爱植物研究，但是对以往本草著作中的植物插图都不太满意，觉得这些插图太过潦草粗糙。后来他在做官时每任职于一个地方，都会记录当地的植物，甚至亲自种植和品尝，又援引古代各个本草著作中的观点，并加入自己的评述，最终汇集成为《植物名实图考》。

　　相较于以往的本草著作，《植物名实图考》采用高水平的白描绘图，线条生动写实，如黑白照片一般记录下每种植物的样貌，甚至比大名鼎鼎的《本草纲目》更胜一筹。可惜随着清朝逐步走向衰亡，刊行于道光二十八年（1848 年）的《植物名实图考》并未引发太大的关注，成为遗落在历史长河中的古代植物学绝响。

　　为了让这本著作的光芒更加闪耀，我们选择以其为蓝本进行创作。《你好，中国果语》从《植物名实图考》中选取了 80 种果蔬植物进行研究考证，其中不仅涉及水果类，还有干果类和蔬菜类。一方面，我们翻阅大量古籍资料，探寻这些果蔬在古代的寓意，挖掘其背后的历史名人故事和传统文化内涵；另一方面，我们根据果蔬的生长特点，仿效古代绘画风格，对这些果蔬进行重新设计和着色，赋予原本的黑白线条以色彩，力求完整呈现出每种果蔬的独特样貌。

　　相较于花语，中国果语要更为复杂深邃。首先，中国果语多与古代礼制有关，其出处多来自《礼记》《周礼》和《左传》等。比如樱桃初夏之际早于其他水果成熟，所以要优先献于宗庙祖先。以时鲜的食品祭献宗庙，这种礼制在古代被称为荐新。再比如，酸枣又名棘，其树赤心而外刺，象征赤诚忠心。周朝宫廷种有"三槐九棘"——天子会见群臣时，三公要面向三棵槐树而立，官职为孤、卿、大夫以及公、侯、伯、子、男的官员分别立于左右九棵酸枣树之下——后来用此来喻指三公九卿。

其次，中国果语还与古代民俗和地方特色有关。比如茄子又名落苏。因为吴越王钱镠钟爱的儿子腿瘸，而"茄子"在江浙方言中听起来像"瘸子"，当地人怕吴越王听了不快，因而改茄子名为落苏。每逢地藏王生辰日即立秋前后，南方民间会举办落苏节。孩童们会做落苏灯——在茄子当中挖一个洞，里面插上蜡烛——点亮落苏灯祈福。同样，古时民间会在中秋时为孩童制作柚子灯——以红柚皮雕镂人物花草，中置一琉璃盏，点亮时朱光四射——意为祈福平安。

最后，中国果语与古代名人逸事和神仙传说密不可分。比如常人吃甘蔗都会自上而下，从甘蔗的顶端开始吃起；而东晋大画家顾恺之则另辟蹊径，选择自下而上，从甘蔗的尾端开始吃起。他认为以这种吃法，越向上啃甘蔗就越甜美，会渐入佳境。所以甘蔗就有了渐入佳境的寓意。

古人对果蔬的评定，不仅观其形、察其神，还食其味、尝其效，甚至加入其对饥荒储备和经济价值的考量。对这80种果蔬的解读，其切入点从名字来历到故事渊源，再到食用时节和使用方式，可谓方方面面，精彩纷呈。

探寻中国果语的过程是一个猎奇和喜悦的过程。中国果语背后蕴含的是对中国古人节令习俗、人文情怀和生活情趣的纵横大观。为了方便读者查阅，我们按照传统二十四节气划分出每一节气对应的果蔬。除了常规意义上观赏、采摘和食用的时令以外，我们还加入了节日仪式和使用时间的考量，这样更符合果语寓意的应用场景。我们希望它和《你好，中国花语》一样，既能够成为一本如字典般不时查阅的工具书，也是一本闲暇时可以陶冶情操的床头读物。

　　每当我们感慨现在的生活过于浮躁内卷，让人无暇尽情享受生活时，不妨翻开《你好，中国果语》浏览一番。在这里，我们可以看到古人讲求的是青梅煮酒，是浮瓜沉李，是早韭晚菘。从这些喜好中，我们不难感受到古人尊重生活、享受生活和热爱生活的达观态度。万物皆有灵，这些果蔬本是我们日常生活中再熟悉不过的事物。当我们如孩童般重新感知这些果蔬，如古人一般细细欣赏和品味它们时，再联想到其背后的美好寓意和传奇故事，或许那种久违的单纯快乐便又回来了。

李宏震　徐洁佳

2024 年 6 月 1 日

你好·中国果语

春生

葱

宋 陆游

瓦盆麦饭伴邻翁，黄菌青蔬放箸空。
一事尚非贫贱分，笔羹僭用大官葱。

葱，古时又名茐（kōu）。李时珍在《本草纲目》中记载："葱从匆，外直中空，有匆通之象也。茐者，草中有孔也，故字从孔，茐脉象之。"葱中通有孔，象征心思通透敏捷，而"葱"又音同"聪"，所以古人常以葱寓意聪明机敏。

古人很早就用葱烹饪调味。《礼记·曲礼》中提到："凡进食之礼……脍炙处外，醯（xī）酱处内，葱渫（yì）处末，酒浆处右。"《礼记·内则》又写道："脍，春用葱，秋用芥。"

因其能融合众味，葱还被称为菜伯、和事草。《本草纲目》中描写："葱初生曰葱针，叶曰葱青，衣曰葱袍，茎曰葱白，叶中涕曰葱苒，诸物皆宜，故云菜伯、和事。"《清异录》中也记载："葱和美众味，若药剂必用甘草也，所以文言曰和事草。"

葱食之辛辣，可以祛伤寒、消肿痛，于身体十分有益。《本草纲目》中记载了元旦和立春要吃五辛盘："五辛菜，乃元旦、立春，以葱、蒜、韭、蓼蒿、芥辛嫩之菜，杂和食之，取迎新之义，谓之五辛盘。"大意是在元旦和立春之际，食用葱、蒜、韭菜、蓼蒿、芥菜等诸多辛辣之物烹饪的菜肴，可以发五脏之气，取其除旧迎新的含义。

葱原产于我国，现在我国南北各地均有种植。

忽见槟榔

北周 庾信

绿房千子熟，紫穗百花开。

莫言行万里，曾经相识来。

004

槟榔

　　槟榔，又称宾门。《本草纲目》中记载："宾与郎，皆贵客之称。嵇含《南方草木状》言：交广人凡贵胜族客，必先呈此果。若邂逅不设，用相嫌恨。则槟榔名义，盖取于此。"

　　槟榔在古代本是贵族拿来招待宾客之用，有提神、醒酒、消食的功效。但古人并不是直接吃槟榔，而是混合扶留藤和牡蛎灰一起食用。《花镜》中记载："剥去其皮，煮肉曝干，交广人邂逅，设此代茶，食必以扶留藤，牡蛎灰同咀嚼之，吐出红水一口，则柔滑甘美不涩。"

　　槟榔是一种咀嚼嗜好品，长时间食之容易令人成瘾，且过多食用对身体有害。宋代周去非在《岭外代答》中曾描写南方民间嗜食槟榔的景象，令人惊诧不已："自福建下四川与广东西路，皆食槟榔者，客至不设茶，唯以槟榔为礼……唯广州为甚，不以贫富长幼男女，自朝至暮宁不食饭，唯嗜槟榔。富者以银为盘置之，贫者以锡为之，昼则就盘更啖，夜则置盘枕旁，觉即啖之。"

　　槟榔原产于东南亚，现在我国广东、云南、海南及台湾等地均有栽培。

王道损赠永兴冰蜜梨 四颗

宋 梅尧臣

名果出西州，霜前竞以饮。

老嫌冰熨齿，渴爱蜜过喉。

色向瑶盘发，甘应蚁酒投。

仙桃无此比，不畏小儿偷。

梨，又称玉乳、蜜父。梨树是古老的果木，古人很早就到处栽种梨树。因为"梨"音同"离"，所以梨有了离开、分别之意，民间多不喜家人分食一梨。

《御定佩文斋广群芳谱》（以下简称《广群芳谱》）中描写梨："北地处处有之，南方惟宣城为胜。二月开花，上巳日无风则结梨必佳。有二种，瓣圆而舒者，果甘；缺而皱者，味酸。果圆如榴，顶微凹，无尖瓣，性甘寒，无毒，润肺，凉心，消痰，降火，解疮毒、酒毒。"

梨清甜可口，能够清火润肺。北方地区常用地窖储存梨，开春惊蛰前后取出食用。因为惊蛰为百虫复苏之际，吃梨也是取"梨"音同"离"，希冀一年远离虫害和疾病。

古人还称梨为果宗，意为梨是百果的祖宗。这其中还有一则故事，《宋书》中记载："敷小名查，父邵小名梨。文帝戏之曰：查何如梨？敷曰：梨为百果之宗，查何可比？"张敷是南北朝时南朝宋知名的文人，才华横溢。张敷小名为查（古时"查"同"楂"），而他父亲张邵小名为梨。宋文帝想戏弄张敷，故意拿他与他父亲比较："楂跟梨比怎么样啊？"张敷机智地回答："梨是百果之宗，楂怎么能和梨比较呢？"张敷巧妙地回复了宋文帝的问题，又表达了对父亲的尊敬，"梨为百果之宗"的说法也自此流传下来。

梨原产于亚洲和欧洲等地区，现在我国河北、山东、陕西、甘肃等地均有分布。

008

菠萝

菠萝，又称凤梨。《台湾府志》中记载："凤梨：叶似蒲而阔，两旁有刺。果生于丛心中，皮似波罗蜜，色黄，味酸甘。果末有叶一簇，可妆成凤，故名之。"其果皮似波罗蜜，且因果实顶部的一簇尖叶像凤凰的尾巴，所以得名凤梨。菠萝和凤梨是同一物，只不过不同地域命名不同而已。

在闽南语中，菠萝又被称为旺来，取兴旺自来的寓意。这让菠萝成为闽南地区祭祀时必不可少的水果。在乔迁新居和新店开业时，人们也会赠送菠萝，有祝对方大吉大利、财运兴旺之意。

《植物名实图考》中称菠萝为露兜子："露兜子产广东，一名波罗，生山野间，实如萝卜，上生叶一簇，尖长深齿，味、色、香俱佳，性热……果熟金黄色，皮坚如鱼鳞状，去皮食肉，香甜无渣。"

菠萝原产于巴西，现在我国广东、广西、福建、台湾等地均有栽培。

送襄陵令李君

宋 欧阳修

绿发襄陵新长官，面颜虽老渥如丹。

折腰聊为五斗屈，把酒犹能一笑欢。

红枣林繁欣岁熟，紫檀皮软御春寒。

民淳政简居多乐，无苦思归欲挂冠。

枣

　　枣，又作棗，是古时五果（枣、杏、李、桃、栗）之一。《诗经·国风·豳风·七月》中就有："六月食郁及薁，七月亨葵及菽，八月剥枣，十月获稻，为此春酒，以介眉寿。"

　　因为"枣"音同"早"，多表示早的寓意。《左传》中记载："女贽（zhì），不过榛、栗、枣、脩，以告虔也。"意思是女子出嫁初次拜见长辈的礼物，要有榛子、栗子、枣和干肉，以示虔诚尊重。《尔雅翼》中解释："榛有臻至之义，栗有战栗之义，枣有早作之义，脩有脩饬之义，皆以其名告已之虔恭也。"这里枣代表了虔恭早作的意思。

　　枣常和栗子组合在一起，音同"早利子"，为早生贵子之意。王士禛在《池北偶谈》中提及："《白虎通义》曰：妇人之贽，以枣栗腵修。枣，取其朝早起。栗，战慄自正也。今齐鲁之俗，婆妇必用枣栗。谚云：早利子也。"

　　枣还是古代春祀和寒食节、清明节常用的祭祀食物。《太平御览》中援引卢谌《祭法》提到："春祀用枣油。"（枣油是干燥的枣泥。）《东京梦华录》中记载："清明节，寻常京师以冬至后一百五日为大寒食，前一日谓之'炊熟'，用面造枣䭅（hú）飞燕，柳条串之，插于门楣，谓之'子推燕'。"清明节以面和枣做成飞燕形状的面点，用柳条串好插在门楣上，民间称其为寒燕儿或子推饼，借此纪念介子推。

　　枣原产于我国，现在我国河北、山东、山西、甘肃、河南等地多有分布。

一剪梅·舟过吴江

宋 蒋捷

一片春愁待酒浇。
江上舟摇，楼上帘招。
秋娘渡与泰娘桥，
风又飘飘，雨又萧萧。

何日归家洗客袍？
银字笙调，心字香烧。
流光容易把人抛，
红了樱桃，绿了芭蕉。

芭蕉

芭蕉，又称天苴，古时泛指芭蕉类的植物，包括香蕉、甘蕉等。《南方草木状》中描写芭蕉："实随华，每华一阖，各有六子，先后相次，子不俱生，花不俱落。一名芭蕉，或曰芭苴。剥其子上皮，色黄白，味似蒲萄，甜而脆，亦疗饥。"

芭蕉虽然果实甘美，但其意境在叶而不在果。《本草纲目》中记载："按陆佃《埤雅》云：蕉不落叶，一叶舒则一叶焦，故谓之蕉。俗谓干物为巴，巴亦蕉意也。""芭"音同"巴"，"蕉"音同"焦"，意思都是叶子干枯。芭蕉因叶片深绿巨大，枯而不落，清雅不俗，所以深受古代文人的喜爱。李渔在《闲情偶寄》中描写："幽斋但有隙地，即宜种蕉。蕉能韵人而免于俗，与竹同功。"

《清异录》中还记载了两则与芭蕉有关的故事。一则《蕉迷》："南汉贵珰赵纯节，性惟喜芭蕉，凡轩窗馆宇咸种之，时称纯节为蕉迷。"古人喜欢在庭院中种植芭蕉，与院中景致相映成趣。下雨时雨点打在巨大的芭蕉叶上，噼啪作响。这种雨打芭蕉的声音，可以直抒胸闷，排解忧愁。

另一则《绿天》："怀素居零陵庵东郊，治芭蕉，亘带几数万，取叶代纸而书，号其所曰绿天庵，曰种纸。厥后道州刺史追作绿天铭。"草圣怀素和尚喜欢用芭蕉叶练习书法。相传他种了数万棵芭蕉树，以芭蕉叶代替纸，因此芭蕉又有"绿天"之称。

芭蕉原产于琉球群岛等地，现在我国南方大部分地区均有栽培。

你好，中国果语

夏长

初夏·槐柳成阴雨洗尘

宋 陆游

槐柳成阴雨洗尘，
樱桃乳酪并尝新。
古来江左多佳句，
夏浅胜春最可人。

016

樱桃，古时又名莺桃、含桃。《本草纲目》中记载："宗奭曰：孟诜《本草》言此乃樱，非桃也。虽非桃类，以其形肖桃，故曰樱桃……时珍曰：其颗如璎珠，故谓之樱。而许慎作莺桃，云莺所含食，故又曰含桃，亦通。"

古时候樱桃在水果中的地位尊崇。《礼记》中记载："是月也，天子乃以雏尝黍，羞以含桃，先荐寝庙。"《花镜》中解释："此木得正阳之气，故实先诸果而熟。礼荐宗庙，亦取其先出也。"因为樱桃得正阳之气，初夏之际早于其他水果成熟，所以要优先献其于宗庙祖先。

以时鲜的食品祭献宗庙的礼制在古代被称为荐新。比如《汉书》中记载："惠帝常出游离宫，通日：古者有春尝果，方今樱桃熟，可献，愿陛下出，因取樱桃献宗庙。上许之。诸果献由此兴。"

除了荐新，唐代时皇帝会将樱桃赏赐给大臣，甚至会举办樱桃宴，邀请大臣一起来宫中采摘樱桃，这一活动被称为尝新。《太平御览》中记载："唐景隆文馆记曰：四年夏四月，上与侍臣于树下摘樱桃，咨其食味……每人赐朱樱桃两笼。又曰：四年夏四月，上幸两仪殿，命侍臣升殿食樱桃，其樱桃并盛以琉璃，和以杏酪，饮酴醾（tú mí）酒。"

民间还有立夏吃樱桃、见三新的习俗。《清嘉录》中记载："立夏日，家设樱桃、青梅、穇（lèi）麦，供神享先，名曰立夏见三新。"立夏这天，人们会先以樱桃、青梅和麦子供奉神仙和先人，这增添了由春入夏的仪式感。

樱桃原产于我国，现在我国各地普遍栽培。

六峰项里看采杨梅
连日留山中

宋 陆游

绿阴翳翳连山市，
丹实累累照路隅。
未爱满盘堆火齐，
先惊探颔得骊珠。
斜簪宝髻看游舫，
细织筠笼入上都。
醉里自矜豪气在，
欲乘风露摘千株。

杨梅

杨梅，又称朱红，因外形似水杨子，味道似梅，因此得名杨梅。

杨梅一般有红、白两个品种。红色杨梅，鲜红浑圆，好似龙的眼睛，所以古人也称杨梅为龙睛，突显其金贵程度。白色杨梅，是稀有品种，较为罕见。《本草纲目》中记载："扬州人呼白杨梅为圣僧。"

杨梅产自我国南方，在古代运输保存不易，是非常珍贵的水果。《广群芳谱》中援引苏轼在《东坡集》中对杨梅的评价："客有言闽广荔枝何物可对者，或对西凉葡萄，予以为未若吴越杨梅。平可正诗云：五月杨梅已满林，初疑一颗价千金。"苏轼认为吴越杨梅的珍贵程度，是可以与闽广荔枝和西凉葡萄一决高下的。平可正以杨梅一颗可价值千金来写其稀有和珍贵。

杨梅味道酸甜可口，除了蜜渍、烟熏或是酿酒之外，古人还喜欢将杨梅蘸盐食用。李白在《梁园吟》中曾写："玉盘杨梅为君设，吴盐如花皎白雪。"可见以杨梅蘸盐可用于招待客人。

杨梅原产于我国，现在我国长江以南各地均有分布。

和万州杨使君四绝句·嘉庆李

唐 白居易

东都绿李万州栽，
君手封题我手开。
把得欲尝先怅望，
与渠同别故乡来。

李子

    李子，又称嘉庆子，古时五果之一。《本草纲目》中记载："按罗愿《尔雅翼》云：李乃木之多子者。故字从木、子。窃谓木之多子者多矣，何独李称木子耶？按《素问》言：李味酸，属肝，东方之果也。则李于五果属木，故得专称尔。"根据李时珍的解释，李子味酸对应五脏属肝，五脏又对应五行，肝于五行中属木。因此李子属木，又子实繁多，所以"李"字由"木""子"构成。

    正因为李子结果多，成熟后鲜红喜庆，所以蕴含兴旺繁盛的寓意。李子与桃子常常并列使用，如"桃李满天下"，这是形容老师培养出的优秀学生如桃李结果一般，数量多，遍布天下。

    李子口感清脆酸甜，每到夏日，古人就喜欢食李。曹丕在《与朝歌令吴质书》中曾描写："驰骛北场，旅食南馆，浮甘瓜于清泉，沈朱李于寒水。"将甘甜的瓜放入清泉里，将鲜红的李沉入凉水中，"浮瓜沉李"是古人夏日清凉解暑的一大享受。

    《广群芳谱》中援引《玄池说林》中的描述："立夏日，俗尚啖李。时人语曰：立夏得食李，能令颜色美。故是日妇女作李会，取李汁和酒饮之，谓之驻色酒。一日是日啖李，令不疰（zhù）夏。"古时妇人在立夏做李会，将李子汁兑酒喝，这是当时的一种风尚。古人认为立夏吃李子，可以美容养颜。

    李子因品种不同有不同的原产地，现在我国绝大部分省份均有栽培。

长干行

唐 李白

妾发初覆额，
折花门前剧。
郎骑竹马来，
绕床弄青梅。
同居长干里，
两小无嫌猜。……

梅子

梅子，又称青梅、梅实。《本草纲目》中描写："梅，花开于冬，而实熟于夏，得木之全气，故其味最酸，所谓曲直作酸也。"因其味酸，梅子最早被当作调味品，可以去除腥味，作用类似现在的醋。

《本草纲目》中还描述："梅者媒也，媒合众味。故《书》云：若作和羹，尔惟盐梅。"梅子可以融合各种味道，所以《尚书》中提出若做羹汤，盐和梅是必不可少的调味料，借以比喻君主想要治理好国家，必须有栋梁之材辅佐。

每到初夏时节，青色的梅子便挂满枝头，翠绿可爱。李白在《长干行》中描写："郎骑竹马来，绕床弄青梅。"后来青梅常被当作青涩少女的象征，后世常以"青梅竹马"形容小儿女天真无邪、亲昵嬉戏之状。

《三国演义》中还有著名的桥段"青梅煮酒论英雄"。古人很喜欢青梅煮酒的风雅，但并不是以青梅来煮酒，而是用煮过的热酒搭配青梅食用，喝一口酒吃一口青梅，口留余香。苏轼的《赠岭上梅》就曾描写："不趁青梅尝煮酒，要看细雨熟黄梅。"陆游的《初夏闲居》中也描写："煮酒青梅次第尝，啼莺乳燕占年光。"

梅子原产于我国，现在我国各地均有栽培，多分布于长江以南各地。

覆盆子

宋 王右丞

灵根茂永夏，幽磴罗深丛。
晶华发鲜泽，叶实兮青红。
搜寻犯晨露，采摘勤村童。
籍以烟笋箨，贮之霜筠笼。

覆盆子

　　覆盆子，古时又名茥（guī）。覆盆子的球状果实鲜红可爱，带有短绒毛，吃起来酸甜可口，是山野林间常见的浆果。《尔雅》中记载："茥，蒛葐。"郭璞注云："覆葐也，实似莓而小，亦可食。"《花镜》中称其为西国草："西国草，一名茥，一名覆盆子。随处有之，秦地尤多。三月开白花，四五月实熟，状如荔枝，大如樱桃，软红可爱，味颇甘美。"

　　覆盆子有非常高的药用价值，可以明目补肾，益气轻身。《本草纲目》中曾提到："当之曰：子似覆盆之形，故名之。宗奭曰：益肾脏，缩小便，服之当覆其溺器，如此取名也。"三国时期医家李当之解释，因为覆盆子果实像倾覆的盆，所以得名覆盆子。而宋代药物学家寇宗奭认为，覆盆子有益肾缩尿的功效，服用后尿盆就可以弃用覆扣起来，因此而得名。这是关于覆盆子得名原因的两种猜测。

　　古代名人中苏轼非常喜欢吃覆盆子，被贬黄州期间，好友陈季常还专门给他送去一筐覆盆子，可谓礼轻情意重。而苏轼回给陈季常一手书便条《覆盆子帖》："覆盆子甚烦采寄，感怍之至。令子一相访，值出未见，当令人呼见之也。季常先生一书，并信物一小角，请送达。轼白。"这一《覆盆子帖》是苏轼行书的代表作品，现藏于台北故宫博物院。

　　覆盆子，现在我国吉林、辽宁、河北、山西等地均有种植。

逢博陵故人彭兵曹

唐 贾岛

曲阳公散会京华，
见说三年住海涯。
别后解餐蓬藁子，
向前未识牡丹花。
偶逢日者教求禄，
终傍泉声拟置家。
踏雪携琴相就宿，
夜深开户斗牛斜。

蓬蘽（lěi），又作蓬蘽，是生长在丘陵灌木丛中的浆果。《本草纲目》中记载："此种生于丘陵之间，藤叶繁衍，蓬蓬累累，异于覆盆，故曰蓬蘽。"

蓬蘽生命力顽强，且是药材，可以入药，古人认为久服可以轻身延年。《广群芳谱》中描写蓬蘽："气味酸，平，无毒，安五脏，益精气，令人有子，益颜色，长发，久服轻身不老。"

蓬蘽是果之上品，传说食用蓬蘽根可以长生不老。《列仙传》在描写仙人昌容时提到："昌容者，常山道人也，自称殷王子。食蓬蘽根，往来上下见之者二百余年，而颜色如二十许人。"传说昌容为商王之女，在常山修道，常年服食蓬蘽根。她往来于山上山下二百多年来，几代人都见过她，而她的容貌却始终是二十来岁的样子。

蓬蘽，现在我国河南、江西、安徽、江苏、浙江、福建等地均有分布。

依韵和行之枇杷

宋 梅尧臣

五月枇杷黄似橘，
谁思荔枝同此时。
嘉名已著上林赋，
却恨红梅未有诗。

枇杷

　　枇杷，叶长椭圆形，一说因叶形似琵琶而得名。枇杷在古代多进贡给皇家，或者作为祭祀宗庙之用。《太平御览》援引晋代范汪《祠制》中的说法："孟夏，祭用枇杷。"

　　枇杷成熟时满树果实金黄，如同绿叶中缀满累累金丸。所以枇杷又被称为金丸，是古代文人入画的佳果，寓意富贵吉祥。比如宋徽宗的《枇杷山鸟图》、崔白的《枇杷孔雀图》以及沈周的《枇杷图》等，都是以金黄圆润的枇杷来展现繁茂吉祥的画意。而且因为枇杷是端午前后的应季水果，所以民间吉祥画多将菖蒲、枇杷、蒜等齐聚画中，象征天中集瑞，辟除不祥。

　　《广群芳谱》中描写枇杷："阴密婆娑可爱，四时不凋，冬开白花，三四月成实，簇结有毛，大者如鸡子，小者如龙眼。味甜而酢，白者为上，黄者次之，皮肉薄，核大如茅栗。相传枇杷秋萌，冬花，春实，夏熟，备四时之气，他物无与类者。"《花镜》中也称赞其："果木中独备四时之气者，惟枇杷。"

　　枇杷原产于我国，现在我国浙江、江苏、福建等地多有栽培。

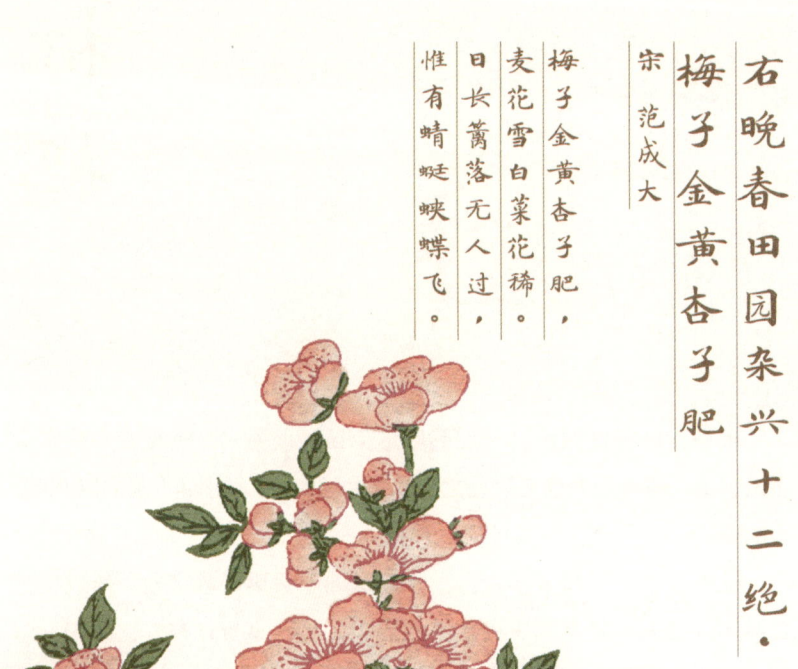

右晚春田园杂兴十二绝·

梅子金黄杏子肥

宋 范成大

梅子金黄杏子肥，

麦花雪白菜花稀。

日长篱落无人过，

惟有蜻蜓蛱蝶飞。

030

杏

你好，中国果语

　　杏，又称甜梅，古时五果之一。在古代水果之中杏的地位尊贵，它最早作为祭祀宗庙之用。《太平御览》援引卢谌《祭法》中的说法："夏祠用杏。"又因为"杏"音同"幸"，所以杏象征着幸运和美好。

　　杏被视为仙人所种之仙果。《广群芳谱》中援引《述异记》中的记载："杏园洲在南海中，洲中多杏，海上人云仙人种杏处。汉时常有人舟行，遇风泊此洲五六日，食杏故免死。"

　　杏还与孔子儒家教育密不可分。《庄子》中有描写："孔子游乎缁帷之林，休坐乎杏坛之上。弟子读书，孔子弦歌鼓琴。"相传杏坛为孔子授业讲学之处，也多指教书育人的地方，后世以杏坛比喻教育界。

　　另有《神仙传》中记载："君异居山间，为人治病不取钱物，使人重病愈者，使栽杏五株，轻者一株，如此数年，计得十万余株，郁然成林。"讲的是神医董奉看病不收钱，让重病痊愈者在山中栽杏五株，轻病痊愈者栽杏一株。数年间痊愈的人们就种植了十万余株杏树，造就了一片杏林。自此"杏林"成为中医的别称，技术精湛的中医常被称为杏林圣手。

　　杏原产于我国，现在我国西北、华北、东北等地区多有栽培。

秋怀四首·其二

宋 陆游

园丁傍架摘黄瓜，
村女沿篱采碧花。
城市尚余三伏热，
秋光先到野人家。

黄瓜

黄瓜，民间家常瓜果，生食清香爽脆，清热止渴。《广群芳谱》中描写黄瓜："开黄花，结实青白二色，质脆嫩多汁，有长数寸者，有长一二尺者，遍体生刺如小粟粒，多谎花，其结瓜者即随花并出，味清凉，解烦止渴，可生食。"

相传黄瓜是西汉时张骞从西域带回来的，古时又名胡瓜，后来才改名为黄瓜。关于胡瓜更名为黄瓜的原因，《本草纲目》中记载了两种说法：一种说法是，"藏器曰：北人避石勒讳，改呼黄瓜，至今因之"。石勒是五胡十六国时期后赵的开国皇帝，本身是五胡之一的羯族，非常忌讳人称其族人为胡人，严禁出现一切"胡"字，于是北地民间将胡瓜改称为黄瓜。另一种说法是，"按杜宝《拾遗录》云：隋大业四年避讳，改胡瓜为黄瓜"。隋炀帝因为提防胡人，所以避讳"胡"字，改称胡瓜为黄瓜。

在江南，民间有端午节吃"五黄"的习俗，"五黄"即黄瓜、黄鳝、黄鱼、咸鸭蛋黄和雄黄酒。这五样正好是端午时令的食物，是家家户户端午必备之物。人们认为吃"五黄"可以清热解毒，驱除邪祟，祈福家人身体健康。

黄瓜原产于印度，现在我国各地普遍栽培。

食蒜

明 唐顺之

三餐斋粥犹嫌秒，
百味荤腥久不尝。
顶来食蒜如餐密，
已换山中一副肠。

蒜，又称大蒜、胡蒜。蒜气味辛烈，有杀虫除菌、祛除腥味的功效。《广群芳谱》中记载："《尔雅·孙炎正义》：黄帝登葛山，遭莸芋草毒，得蒜啮食，乃解，遂收植之，能杀腥膻虫鱼之毒。"传说黄帝登葛山，因食莸芋而中毒，幸而吃了蒜很快解毒，于是开始命人大规模种植蒜。

古时的蒜有大蒜和小蒜之分。《本草纲目》中记载："蒜字从祘，音蒜，谐声也。又象蒜根之形。中国初惟有此，后因汉人得胡蒜于西域，遂呼此为小蒜以别之。故伏侯《古今注》云：蒜，茆蒜也，俗谓之小蒜。胡国有蒜，十子一株，名曰胡蒜，俗谓之大蒜是矣。"由此可知，小蒜原产于我国中原地区，而大蒜相传是张骞从西域带回的，所以大蒜又被称为胡蒜。

蒜的气味刺激辛辣，在古代是五荤之一。南方一些地区会在端午节吃蒜，寓意除祟避害，祈福平安健康。《本草纲目》中记载："蒜乃五荤之一，故许氏《说文》谓之荤菜。五荤即五辛，谓其辛臭昏神伐性也。练形家以小蒜、大蒜、韭、芸薹、胡荽为五荤。道家以韭、薤（xiè）、蒜、芸薹、胡荽为五荤。佛家以大蒜、小蒜、兴渠、慈葱、茖（gé）葱为五荤，兴渠，即阿魏也。"

蒜原产于亚洲西部等地区，现在我国南北各地普遍栽培。

惠州一绝

宋 苏轼

罗浮山下四时春，
卢橘杨梅次第新。
日啖荔枝三百颗，
不辞长作岭南人。

荔枝

荔枝，又称丹荔，古代又名离枝或离支。《本草纲目》中记载："司马相如《上林赋》作离支。按白居易云：若离本枝，一日色变，三日味变。则离支之名，又或取此义也。"

这里提到了白居易在《荔枝图序》中对荔枝的说法："若离本枝，一日而色变，二日而香变，三日而味变，四五日外，色香味尽去矣。"荔枝离开枝叶之后保鲜期极短，在古代是异常珍贵的水果。

爱吃荔枝的历史名人有两位，一位是杨贵妃，一位是苏轼。《广群芳谱》中援引《后妃传》中的记载："贵妃杨氏嗜荔支，必欲生致之，乃置骑传送，走数千里味未变，已至京师。"这场景正好对应杜牧在《过华清宫绝句三首》中所写的："长安回望绣成堆，山顶千门次第开。一骑红尘妃子笑，无人知是荔枝来。"而苏轼被贬至岭南惠州时，写下了《惠州一绝》，其中最著名的一句"日啖荔枝三百颗，不辞长作岭南人"千古流传。

荔枝外壳鲜红圆润，果肉晶莹剔透，"红荔"音同"红利"，所以荔枝是红利喜庆的象征。比如，明宣宗朱瞻基绘有《菖蒲鼠荔图》，图中画有老鼠在啃食鲜红的荔枝，取鼠年吉祥添红利的寓意。民间吉祥图案常将荔枝与葱、藕和菱角组合在一起，取"聪明伶俐"的吉祥寓意。岭南地区还有夏至吃荔枝的旧俗，所谓"夏至食个荔，一年都无弊"。

荔枝原产于我国，现在我国以广东、福建和广西等地栽培最多。

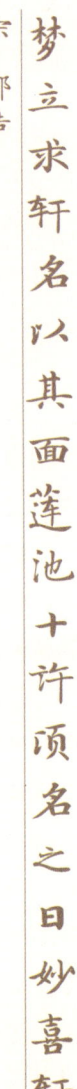

梦立求轩名以其面莲池十许顶名之曰妙喜轩

宋 邹浩

莲华千叶满前开，断取应从妙喜来。

色带日光飞缥缈，香乘风力转徘徊。

休寻物外庵罗果，且进池边鹦鹉杯。

一笑真能契无染，不妨游戏挟霆雷。

杧果

　　杧果，又作芒果，古时又名庵罗果、香盖。杧果最早从印度引入中国，它与佛教有着密切关系。古时杧果被称为庵罗果，这源于其梵文名 Amra，也译作庵没罗果或庵婆罗果。

　　玄奘所著的《大唐西域记》中曾多次提到庵没罗果，即杧果。在其记载中，佛教圣地多种植杧果，"吠舍厘国周五千余里，土地沃壤，花果茂盛。庵没罗果、茂遮果既多且贵"；且杧果常被用作佛教供奉，"大垣中有精舍，高二百余尺，上以黄金隐起作庵没罗果"。

　　《百喻经》中还记载了一则譬喻："昔有一长者，遣人持钱至他园中买庵婆罗果而欲食之，而敕之言：好甜美者，汝当买来。即便持钱往买其果。果主言：我此树果，悉皆美好，无一恶者。汝尝一果，足以知之。买果者言：我今当一一尝之，然后当取，若但尝一，何以可知？寻即取果一一皆尝，持来归家。长者见已恶而不食，便一切都弃。"

　　这则譬喻的大意是一长者差遣下人去果园里买杧果。果主说："我的果子没有一个坏的，你尝一个便知。"买果的下人却说："如果只尝一个，怎么知道其余都是好的呢？"然后他把挑选的杧果每个都尝了一口。买回去后长者感到厌恶，把杧果全部扔掉了。这个故事暗示愚人不懂得举一反三，总是心存怀疑，必须事事亲自验证，却往往得不偿失。

　　杧果原产于亚洲南部，现在我国海南、云南、福建、广东、台湾、四川、广西等地均有栽培。

释迦果

明 沈光文

称名颇似足夸人，
不是中原大谷珍。
端为上林栽未得，
只应海岛作安身。

番荔枝

　　番荔枝，又称释迦、佛头果。因其从外域引入，很像巨型黄绿色的荔枝，所以被称为番荔枝。又因其果实外形层层叠叠，形似释迦牟尼佛髻，所以被称为释迦或佛头果。

　　番荔枝的味道甜腻软糯，营养价值丰富。《台湾志略》中记载："佛头果，叶类番石榴而长，结实大如拳。熟时自裂，状似蜂房，房房含子，味甘香美，子中有核，又名番荔枝。"

　　《植物名实图考》中也记载："番荔枝产粤东，树高丈余，叶碧，果如梨式，色绿，外肤礧砢如佛髻。一果内有数十包，每包有一小子如黑豆大，味甘美，花微白。"

　　番荔枝原产于热带美洲，现在我国台湾、福建、广东、广西、海南和云南等地均有栽培。

波罗蜜

清 孙元衡

波罗门下树亭亭，
香蜜成房子更馨。
解是西来真善果，
十分供俸佛头青。

波罗蜜

　　波罗蜜，又作菠萝蜜。《本草纲目》中记载："波罗蜜梵语也。因此果味甘，故借名之。安南人名曩（nǎng）伽结，波斯人名婆那娑，拂林人名阿萨骵（duǒ），皆一物也。"波罗蜜是梵文 Pāramitā 的音译略称，其意思是到彼岸去。

　　波罗蜜果形巨大，果肉味甜芳香，是热带水果中的"霸主"。《酉阳杂俎》中描写波罗蜜："树长五六丈，皮色青绿，叶极光净，冬夏不凋，无花结实。其实从树茎出，大如冬瓜，有壳裹之。壳上有刺，瓢至甘甜，可食，核大如枣，一实有数百枚。核中仁如栗黄，炒食甚美。"

　　屈大均在《广东新语》中提到："波罗树，即佛氏所称波罗蜜，亦曰优钵昙。其在南海庙中者，旧有东西二株，高三四丈，叶如频婆而光润。萧梁时，西域达奚司空所植，千余年物也。他所有，皆从此分种。"相传南海寺庙中有两株波罗蜜，是南北朝时南朝梁西域达奚司空所种植，此后遍布各地的波罗蜜树都是由南海寺庙中的两株引种而成的。

　　波罗蜜原产于印度，现在我国海南、广东、广西、云南和福建等地均有分布。

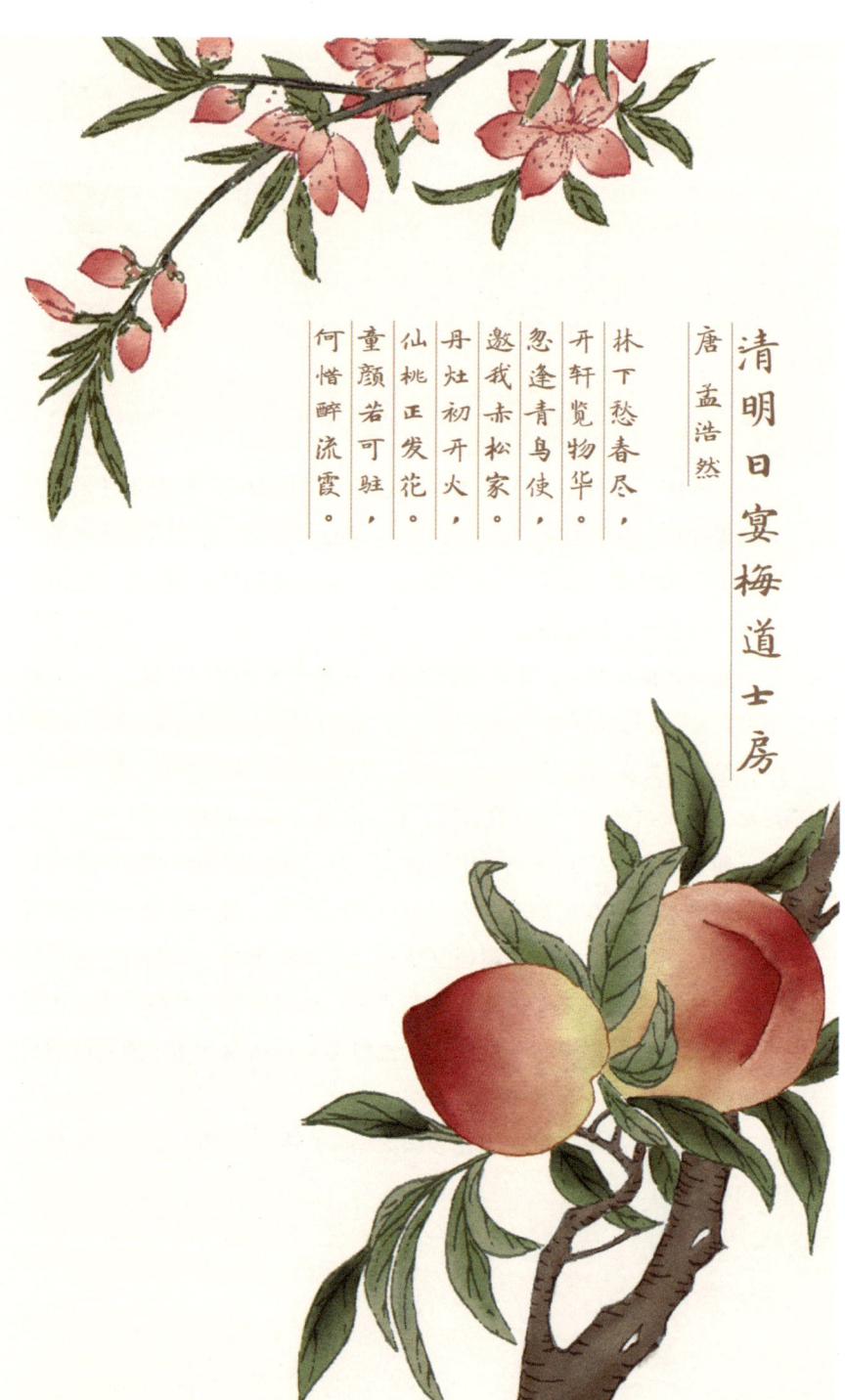

清明日宴梅道士房

唐　孟浩然

林下愁春尽，
开轩览物华。
忽逢青鸟使，
邀我赤松家。
丹灶初开火，
仙桃正发花。
童颜若可驻，
何惜醉流霞。

桃，果中仙品，古时五果之一。《本草纲目》中记载："桃性早花，易植而子繁，故字从木、兆。十亿曰兆，言其多也。或云从兆谐声也。"李时珍认为"桃"字与桃树果实繁多相关联。

桃是福寿绵长的象征，传说吃了仙桃可以延年益寿，长生不老。东方朔的《神异经》中记载："东方有树，高五十丈，叶长八尺，名曰桃。其子径三尺二寸，小核味和。和核羹食之，令人益寿。"在古代神仙志怪作品中多有仙桃出现，如寿星手捧仙桃，王母娘娘举办蟠桃盛会。

《博物志》中记载了西王母、汉武帝以及东方朔关于仙桃的传说："汉武帝好仙道………时设九微灯，帝东面西向。王母索七桃，大如弹丸，以五枚与帝，母食二枚。帝食桃辄以核著膝前，母曰：取此核将何为？帝曰：此桃甘美，欲种之。母笑曰：此桃三千年一生实。唯帝与母对坐，其从者皆不得进。时东方朔窃从殿南厢朱鸟牖中窥母，母顾之，谓帝曰：此窥牖小儿，尝三来盗吾此桃。帝乃大怪之。由此世人谓方朔神仙也。"

汉武帝好仙道，西王母特赠予汉武帝几枚仙桃，这仙桃三千年才结一次果，人间难得。而西王母说东方朔已经多次来偷盗仙桃，其因为偷食仙桃延年益寿，由此世人都说东方朔是神仙。后世将东方朔偷桃的故事当作绘画题材，常用此画来祝寿。

桃原产于我国，现在我国河北、山东、江苏、浙江等地均有栽培。

杨桃

清 阮元

荔支生岭南，汉唐名已大。
味艳性复炎，尤物岂无害。
谁知五棱桃，清妙竟为最。
试告知味人，味在酸甜外。

　　阳桃，又作杨桃或羊桃，古时又名五敛子、五棱子。《南方草木状》中描写阳桃："五敛子，大如木瓜，黄色皮肉，脆软味极酸，上有五棱如刻出，南人呼棱为敛，故以为名。"阳桃造型独特，切开剖面为五角星形状，南方福建等地区会用阳桃来祭祖，以祈求吉祥顺遂。

　　阳桃味道酸甜，自带清香，可以蜜渍成蜜饯食用。《本草纲目》中记载："五敛子出岭南及闽中，闽人呼为阳桃。其大如拳，其色青黄润绿，形甚诡异，状如田家碌碡，上有五棱如刻起，作剑脊形，皮肉脆软，其味初酸久甘，其核如奈。五月熟，一树可得数石，十月再熟。以蜜渍之，甘酢而美，俗亦晒干以充果食。"

　　阳桃原产于亚洲东南部地区，现在我国广东、广西、福建、台湾、云南等地均有栽培。

李献甫于南海魏侍郎
得椰子见遗

宋 梅尧臣

魏公番禺归，逢子羌江口。
赠以越王头，还同月支首。
割鲜为饮器，津浆若美酒。
我独愧先生，馔致崇师友。
应知愈饥渴，况是怀思久。

048

椰子，又称可可椰子，在古代又名越王头。《南方草木状》中记载椰子："俗谓之越王头。云昔林邑王与越王有故怨，遣侠客刺得其首，悬之于树，俄化为椰子。林邑王愤之命剖以为饮器，南人至今效之，当刺时越王大醉，故其浆犹如酒云。"

《本草纲目》中也记载："按嵇含《南方草木状》云，相传林邑王与越王有怨，使刺客乘其醉，取其首悬于树，化为椰子。其核犹有两眼，故俗谓之越王头。而其浆犹如酒也，此说虽谬，而俗传以为口实。南人称其君长为爷，则椰名盖取于爷义也。"相传林邑王与越王有仇怨，派刺客趁越王酒醉时取其首级悬于树，首级化为椰子，其核犹如有两只眼睛，所以椰子俗称越王头。因南方称君长为爷，所以李时珍认为椰子的名字大概从"爷"字得来。

椰子全身上下都是宝：椰肉可以食用，还可以榨油；椰汁清甜解渴，可以酿酒；椰壳可以制成器皿或盛具。《花镜》中描写椰子："皮中子壳，可为饮器。锯开子中白瓤，厚有半寸，味似胡桃，极肥美。有浆，饮之辄醉。初极清芬，久之则浑浊，不堪饮矣。"《广东新语》中还记载："琼人每以槟榔代茶，椰代酒，以款宾客，谓椰酒久服可以乌须。"

椰子原产于马来西亚，现在我国海南、台湾以及云南南部、雷州半岛等地区均有种植。

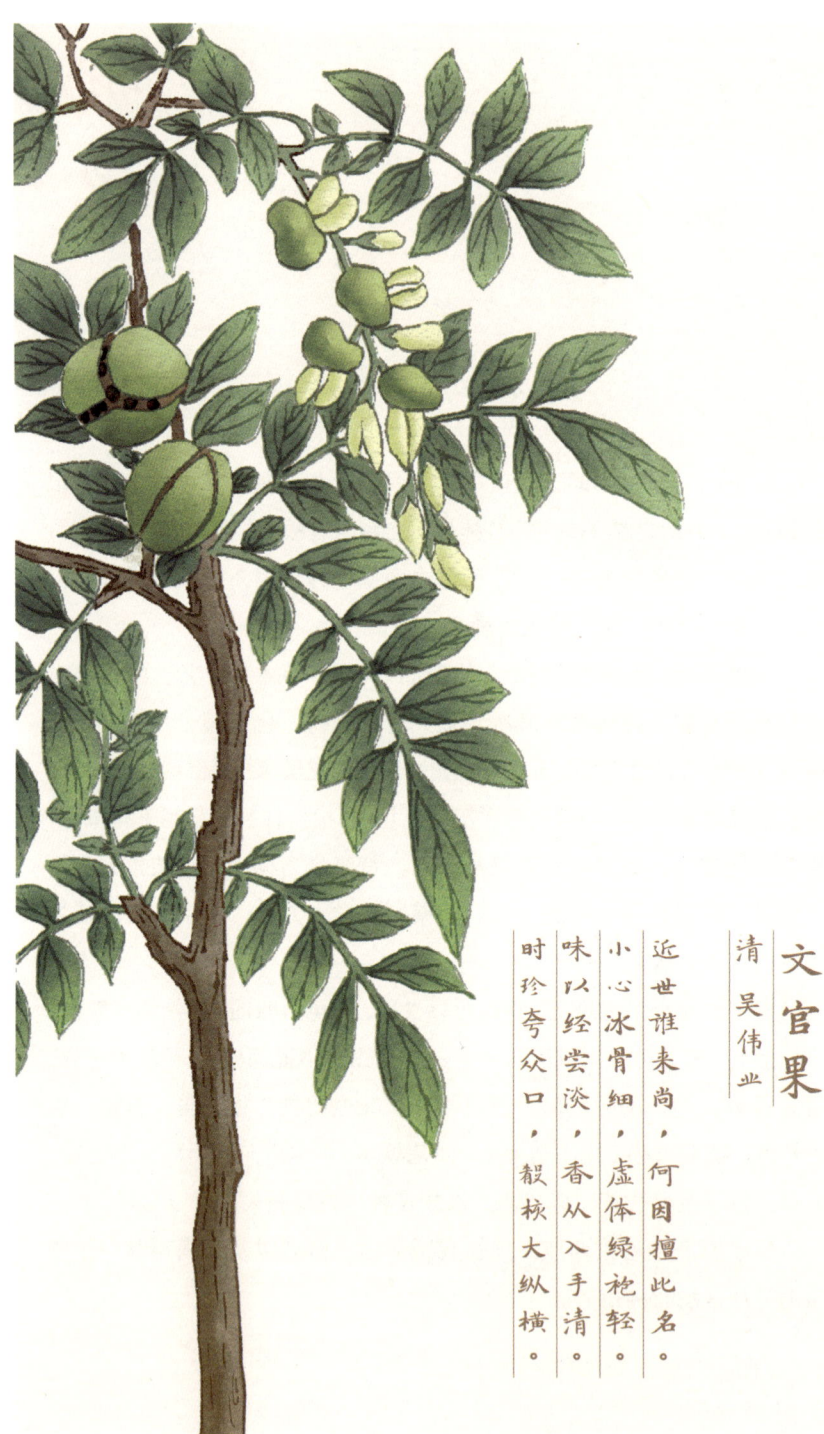

文官果

清 吴伟业

近世谁来尚，何因擅此名。

小心冰骨细，虚体绿袍轻。

味以经尝淡，香从入手清。

时珍夸众口，毂栎大纵横。

文冠果

  文冠果，又称文官果、文光果。文冠果的果实成熟时多会裂成三瓣，有人认为文冠果之得名是因为其裂开后的果实很像古时文官的帽子。古代文人喜欢在庭院里栽种文冠果树，以求官路亨通、步步高升。

  《本草纲目》中称其为文光果："出景州，形如无花果，肉味如栗，五月成熟。"而《花镜》中称其为文冠果："文官果产于北地。树高丈余，皮粗多礓砢，木理甚细。叶似榆而尖长，周围锯齿纹深。春开小白花成穗，每瓣中微凹，有细红筋贯之。蒂下有小青托，花落结实，大者如拳。一实中数隔，间以白膜。仁与马槟榔无二，裹以白软皮，大如指顶，去皮而食其仁，甚清美。"

  文冠果是一种独特的油料，古时人们采集文冠果的种仁榨油，供点佛灯之用，这种油耐燃无烟，不会熏黑佛像和壁画。

  文冠果原产于我国北部干旱寒冷地区，现在我国东北、华北、西北等地均有分布。

西瓜园

宋　范成大

碧蔓凌霜卧软沙，
年来处处食西瓜。
形模濩落淡如水，
未可蒲萄苜蓿夸。

西瓜

　　西瓜，又称寒瓜。《本草纲目》中记载："按胡峤《陷虏记》言，峤征回纥得此种归，名曰西瓜，则西瓜自五代时始入中国。今则南北皆有，而南方者味稍不及，亦甜瓜之类也。"因为西瓜形状浑圆，红瓤多籽，代表喜庆热烈，民间常以西瓜象征团圆圆满、多子多福。

　　西瓜是夏日的水果之王，各色品种很多。《广群芳谱》中描写西瓜："蔓生，花如甜瓜，叶大多桠，缺面深青，背微白，叶与茎皆有毛如刺，微细而硬。其棱或有或无。其色或青或绿或白。其形或长或圆，或大或小。其瓤或白或黄或红，红者味尤胜。其子或黄或红或黑或白，白者味更劣。其味或甘或淡或酸，酸者为下。"

　　西瓜除了味道甘甜、可以清热解渴之外，还有提神解酒的功效。元代王祯在《王氏农书》中描写吃西瓜："故古人有'一片冷沉潭底月，六弯斜卷陇头云'之句。其宿酲未解，病暍未苏，得此而食，世俗所谓醍醐灌顶，甘露洒心，正谓此也。"

　　西瓜原产于非洲，现在我国各地均有栽培。

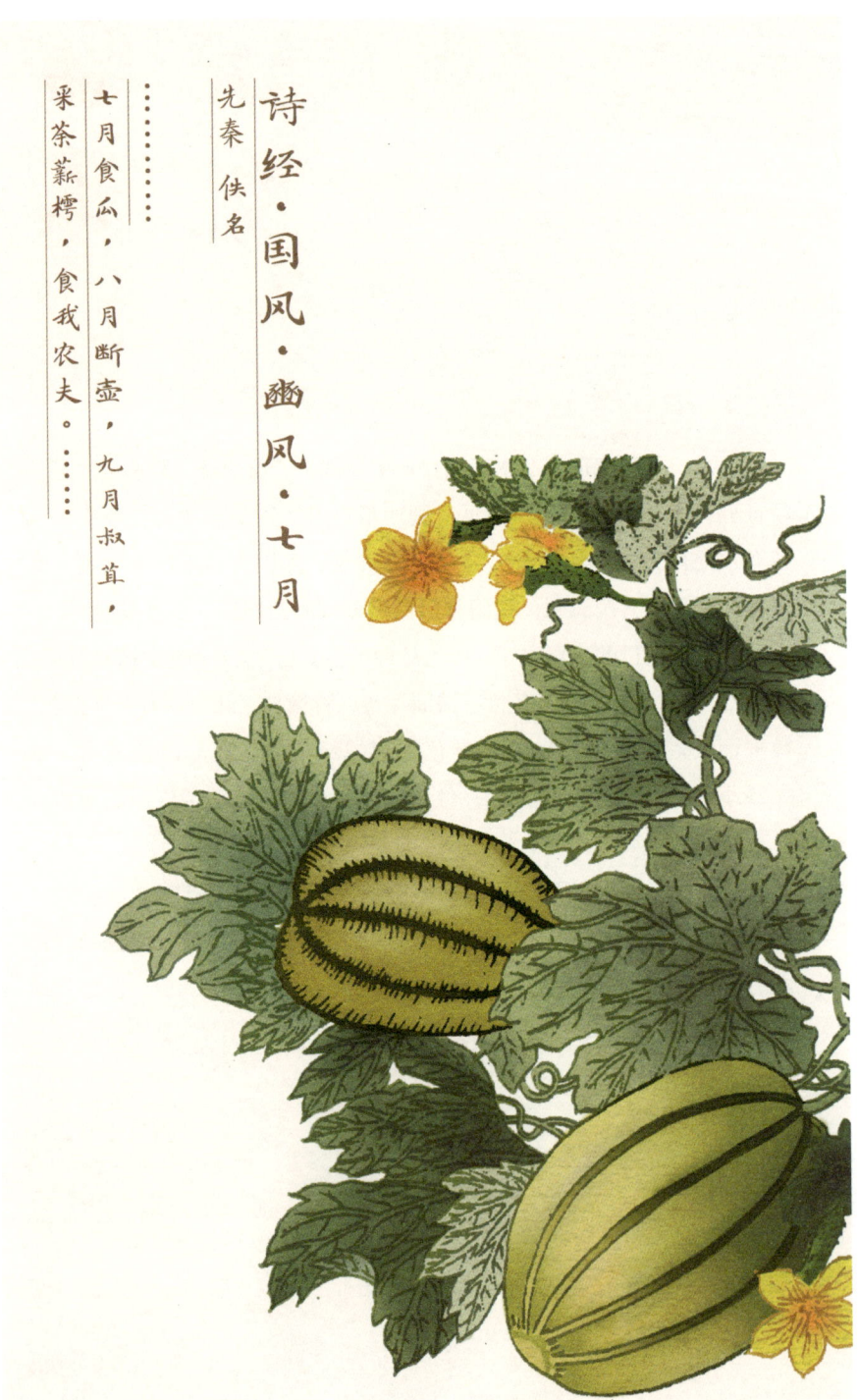

诗经·国风·豳风·七月

先秦 佚名

……
七月食瓜，八月断壶，九月叔苴，
采荼薪樗，食我农夫。……

甜瓜，又称甘瓜。《本草纲目》中记载："甜瓜之味甜于诸瓜，故独得甘甜之称。"在西瓜传入我国之前，古人所提到的瓜多指甜瓜。

《诗经·国风·豳风·七月》中所写："七月食瓜，八月断壶，九月叔苴，采荼薪樗，食我农夫。"《诗经·大雅·绵》中所写："绵绵瓜瓞，民之初生，自土沮漆。"这里的"瓜"都是指甜瓜。而"绵绵瓜瓞"一词描绘的则是藤上连绵不断结出大大小小的瓜，因此甜瓜象征子孙昌盛、代代兴旺。

甜瓜甜脆可口，是炎炎夏日清热消暑的佳品。而且甜瓜种类繁多，现在所熟知的香瓜、白兰瓜等都属于甜瓜。《广群芳谱》中描写甜瓜："北土中州种蒔甚多，二三月下种，蔓生，叶大数寸，五六月花开黄色，六七月熟。其类甚繁，有团者长者、尖者扁者，大而径尺者，小而一捻者，棱之或有或无，色之或青或绿，或黄斑糁斑，白路黄路，种种不同。"

除了直接食用，古人还会将其制成瓜干或瓜脯。《广群芳谱》援引《学圃馀疏》中对甜瓜的描写："甜瓜，以香而小者为第一，作黄绿二色。岂邵平所种五色子母瓜耶？今凉州塞外作干条遗远人，味极甘，当是此种。"

甜瓜原产于热带地区，现在我国西北、华中、华东等地均有栽培。

冬夜食哈密瓜

清 乾隆

异域称奇品，中宵润客肠。
霜刀剖翠质，冰齿嚼黄瓤。
清解心头渴，甘生舌本香。
东陵无此种，包贡自西方。

哈密瓜

　　哈密瓜，是新疆哈密等地区的特产。在很长一段时间内，哈密瓜都一直被称为新疆甜瓜。相传直到康熙年间，哈密王效忠清廷后，开始向朝廷进贡此瓜，才有了"哈密瓜"一名。

　　哈密瓜作为贡品，是非常珍贵的水果。纪昀在《阅微草堂笔记》中称赞："西域之果，蒲桃莫盛于土鲁番，瓜莫盛于哈密。"

　　哈密瓜品种丰富，口味独特，甜美清脆。《植物名实图考》援引《西域闻见录》中所记载的哈密瓜："有十数种，绿皮绿瓤而清脆如梨、甘芳似醴者为最上，圆扁如阿浑帽形白瓤者次之。绿者为上，皮淡白多绿斑点、瓤红黄色者为下。"清代洪亮吉在《北江诗话》中称赞："果以哈密瓜为上，即古之敦煌瓜也。然必届时至其地食乃佳。若贡京师者，则皆豫摘，色香味多未全，非其至也。"

　　哈密瓜，现在我国哈密、鄯善、吐鲁番等地为主产区。

清平乐·题水墨南瓜

清 朱彝尊

牵丝引蔓，
野外无人管。
才见草檐花一半，
又早青黄堆满。

今年谷贵民饥，
村村剥尽榆皮。
合付田翁一饱，
全家妇子嘻嘻。

南瓜

南瓜，又称番瓜，约在明代时引入我国。南瓜可以补中益气，荒年还可以作为粮食充饥，是民间非常朴实无华的蔬果。

《本草纲目》中描写："南瓜，种出南番，转入闽浙，今燕京诸处亦有之矣……结瓜正圆，大如西瓜，皮上有棱如甜瓜。一本可结数十颗，其色或绿或黄或红，经霜收置暖处，可留至春。其子如冬瓜子，其肉厚，色黄，不可生食。惟去皮瀹瀹（yuè）食，味如山药，同猪肉煮食更良，亦可蜜煎。"

《台湾通志》中称为金瓜："一名南瓜，种出南番，有圆者，有长者，身有棱，老则色黄。南瓜有大小二种，圆而有瓣，种出南方，皮上有瓣，肉厚色黄，有大小扁长数种，不可合羊肉食。又有一种碗大而红者，日红瓜，不堪食，可供玩。"

《清朝野史大观》中还记载了一则以南瓜作赘的故事："印印川言：海盐张芑堂徵君燕昌，少年曾受业于丁敬身先生。初及门时，囊负南瓜二枚为赘，各重十余斤。丁先生欣喜受之，为烹瓜具饭焉。浙中至今传为美谈。"清代书法家张燕昌（字芑堂），年少时家境贫寒，想拜"西泠八家"之首的丁敬（字敬身）为师。他身无长物，初次登门时只带了两枚大南瓜作为礼物。丁先生并没有嫌弃，收他为弟子，还用南瓜煮饭招待他，这一故事在浙中地区一时被传为美谈。

南瓜原产于亚洲南部，现在我国南北各地广泛种植。

冬瓜

宋　郑清之

剪剪黄花秋后春，
霜皮露叶护长身。
生来笼统君休笑，
腹内能容数百人。

冬瓜

　　冬瓜，又称白瓜、枕瓜。冬瓜成熟时会在表面形成一层白粉，好似冬天所结的白霜，所以被称为白瓜。因为冬瓜的形状好似古代的枕头，所以也被称为枕瓜。《广群芳谱》中描写冬瓜："长者如枕，圆者如斗，皮厚有毛。初生青绿，经霜则青，皮上白如涂粉，肉及子亦白。"

　　《清异录》中记载："果中子繁者，惟夏瓜、冬瓜、石榴，故嗜果者目瓜为百子瓮。"冬瓜和西瓜、石榴一样多子，因此冬瓜也象征子孙兴旺、多子多福。

　　冬瓜味美，而且很好贮存，古人喜欢用各种方法烹制冬瓜。《广群芳谱》援引《学圃餘疏》中对冬瓜的评价："天下结实大者，无若冬瓜，味虽不甚佳，而性温可食。"

　　此外，冬瓜的瓜犀（冬瓜子）可食用，还可以制成面脂，美容养颜。冬瓜瓤还可以制成古人洗澡用的澡豆。《王氏农书》中记载："《荆楚岁时记》曰：七月采瓜犀，以为面脂。《本草图经》曰：犀，瓣也。瓤亦堪作澡豆。按蔬果中瓜之为种至夥也，独此瓜耐久经霜乃熟，又可藏之，弥年不坏，今人亦用为蜜煎，其犀用为茶果，则兼蔬果之用矣。"

　　冬瓜原产于我国南部及印度地区，现在我国各地均有栽培。

赠郑谠处士

唐 李商隐

浪迹江湖白发新，
浮云一片是吾身。
寒归山观随棋局，
暖入汀洲逐钓轮。
越桂留烹张翰鲙，
蜀姜供煮陆机莼。
相逢一笑怜疏放，
他日扁舟有故人。

姜，又称生姜。《本草纲目》中记载："按许慎《说文》：姜作疆云，御湿之菜也。王安石《字说》云：姜能疆御百邪。故谓之姜。"古人认为姜可以祛湿，抵御百邪。

古人很早就以姜作为调料，去除肉食腥味。李时珍在《本草纲目》中称赞姜："辛而不荤，去邪辟恶，生啖熟食，醋酱糟盐，蜜煎调和，无不宜之。可蔬、可和、可果、可药，其利博矣。"

姜以蜀地产最为有名。《神仙传》中记载了三国时期吴王和方士介象关于姜的一则逸事。介象精通奇方异术，在庭院中为吴王钓到了海中才有的鲻（zī）鱼。《神仙传》中描写道："先主惊喜，问象曰：可食否？象曰：故为陛下取作鲙，安不可食？仍使厨人切之。先主问曰：蜀使不来，得姜作鲙至美，此间姜不及也。何由得乎？象曰：易得耳。愿差一人，并以钱五千文付之。象书一符，以著竹杖中，令其人闭目骑杖，杖止便买姜，买姜毕复闭目。此人如言骑杖，须臾已到成都，不知何处，问人，言是蜀中也，乃买姜。"

故事是讲介象要为吴王制作鲻鱼生鱼片，但吴王遗憾没有蜀地的姜作为调料。介象说这好办，差一人拿五千文去买姜即可。随后他将一道符咒放在竹杖中，让此人闭上眼睛骑竹杖，竹杖停就买姜，买完姜再次闭上眼睛。待此人从蜀地买姜回来，生鱼片也准备就绪，甚是神奇。

姜原产于印度尼西亚，现在我国中部、东南部至西南部地区广为栽培。

你好，中国果语

秋收

行园

南梁 沈约

寒瓜方卧垄，秋菰亦满陂。
紫茄纷烂漫，绿芋郁参差。
初菘向堪把，时韭日离离。
高梨有繁实，何减万年枝。
荒渠集野雁，安用昆明池。

茄子，古时又名落苏或落酥。

茄子之所以被称为落苏，宋代的王辟之在《渑水燕谈录》中解释："钱镠之据钱塘也，子跛，镠钟爱之。谚谓'跛'为'瘸'，杭人为讳之，乃称'茄'为'落苏'。"五代十国时，吴越王钱镠钟爱的儿子腿跛有疾。因"茄子"在江浙方言中听起来像"瘸子"，当地人怕吴越王听了不快，所以改茄子名为落苏。落苏的意思无从考证。至于落酥，李时珍认为是因为茄子烹制后味道似酥酪，因此而得名，《本草纲目》中记载："陈藏器《本草》云：茄一名落苏，名义未详，按《五代贻子录》作酪酥，盖以其味如酥酪也，于义似通。"

《清异录》记载："落苏，本名茄子。炀帝缘饰为昆仑紫瓜，人间但名'昆味'而已。"茄子的形状、颜色独特，隋炀帝赋予茄子昆仑紫瓜的名号，人们常说的昆味指的正是茄子。

农历七月三十是地藏王生日，恰逢立秋前后，南方民间会举办落苏节。在这一天，孩童们会做落苏灯，做法是在茄子当中挖一个洞，里面插上蜡烛，点亮落苏灯，意为祈求平安顺遂。

茄子原产于印度，现在我国各地均有栽培。

龙眼

宋 王十朋

绝品轻红扫地无，

纷纷万木以龙呼。

实如益智本非药，

味汇荔支真是奴。

龙眼

　　龙眼，又称桂圆。因为"桂"音同"贵"，意为富贵，"圆"则代表了圆满团圆，所以龙眼寓意富贵圆满。民间常以核桃、荔枝和龙眼三种圆形果品入画，取"圆"音同"元"，寓意连中三元。

　　龙眼常被拿来与荔枝相比较，因为龙眼在荔枝后成熟，且色香味不及荔枝，所以又被称为荔枝奴。晋代嵇含在《南方草木状》中记载："龙眼树如荔枝，但枝叶稍小，壳青黄色，形圆如弹丸，核如木槵子而不坚，肉白而带浆，其甘如蜜。一朵五六十颗，作穗如葡萄然。荔枝过即龙眼熟，故谓之荔枝奴，言常随其后也。"《花镜》中也描述："荔枝过后方熟，故俗呼为荔奴。又因其色香味，皆不及荔枝，故称为奴。"

　　其实相比于荔枝的性热，龙眼性平，是滋补良品。李时珍在《本草纲目》中评价荔枝和龙眼："食品以荔枝为贵，而资益则龙眼为良，盖荔枝性热，而龙眼性和平也。"龙眼在古代还被称为益智，认为长期食之可以增益智慧。《神农本草经疏》中记载龙眼："味甘，平，无毒。主五藏邪气，安志厌食，除虫去毒。久服强魂聪明，轻身不老，通神明。"

　　龙眼原产于亚洲热带地区，现在我国西南部和南部都有栽培。

蘋婆

清 吴伟业

汉苑收名果，
如君满玉盘。
几年沙海使，
移入上林看。
对酒花仍艳，
经霜实未残。
茂陵消渴甚，
饱食胜加餐。

苹果

苹果，古时又名柰、蘋婆、平波。《本草纲目》中记载："篆文柰字，象子缀于木之形，梵言谓之频婆，今北人亦呼之，犹云端好也。"篆文的"柰"字像果实缀于树上，而梵语音译为频婆，是端正美好的寓意。《花镜》中也记载："柰，一名蘋婆。系梵音，犹言端好也。江南虽有，而北地最多，与林檎同类。有白、赤、青三色。"因为苹果的"苹"音同平安的"平"，所以民间常以苹果寓意平安。

关于苹果，古代有柰、蘋婆、平波等诸多叫法。王象晋在《群芳谱》中记载："苹果，出北地，燕赵者尤佳。接用林檎体，树身耸直，叶青，似林檎而大，果如梨而圆滑。生青，熟则半红、半白或全红，光洁可爱玩，香闻数步，味甘松，未熟者食如棉絮，过熟又沙烂不堪食，惟八九分熟者最美。"

《群芳谱》中还记载了苹果的储存方式："取略熟者收冰窖中，至夏月味尤甘美。秋月切片晒干，过岁食亦美。"

"中国苹果"原产于我国，"西洋苹果"原产于欧洲、中亚细亚等夏季干燥地区，现在我国辽宁、河北、山西、山东、陕西、甘肃、四川、云南、西藏等地广泛栽培。

西省对花忆忠州东坡

新花树因寄题东楼

唐 白居易

每看阙下丹青树，

不忘天边锦绣林。

西掖垣中今日眼，

南宾楼上去年心。

花含春意无分别，

物感人情有浅深。

最忆东坡红烂漫，

野桃山杏水林檎。

沙果

沙果，相比于苹果个头较小，因为贮存不久后其果肉口感沙绵，所以俗称沙果。古时又名林檎，因为果实甘甜，能吸引众鸟飞来林中，有祥瑞之意。

《本草纲目》中记载："案洪玉父云：此果味甘，能来众禽于林，故有林禽、来禽之名。"《花镜》中也提到："林檎，一名来禽，因其能来众鸟于林。一名冷金丹，即柰之类也。二月开粉红花，似西府，但花六出。实则圆而味甘，非若柰之实长而味稍苦，果之香甜可口。"

沙果还被称为文林郎果。《太平广记》中记载："唐永徽中，魏郡临黄王国村人王方言，尝于河中滩上，拾得一小树，栽埋之。及长，乃林檎也。实大如小黄瓠，色白如玉，间以珠点，亦不多，三数而已，有如缬。实为奇果，光明莹目，又非常美。纪王慎为曹州刺史，有得之献王，王贡于高宗，以为朱柰，又名五色林檎，或谓之联珠果。种于苑中，西域老僧见之，云是奇果，亦名林檎。上大重之，赐王方言文林郎，亦号此果为文林郎果。"村人王方言在河滩上捡到一棵小树苗，等树苗长大后才知晓是林檎树。后经纪王李慎进献给唐高宗，被种在宫苑中，一西域老僧看到后说林檎是奇果，唐高宗对其很重视，赐王方言为文林郎，沙果因而得名文林郎果。

沙果，现普遍分布于我国黄河流域和长江流域一带。

日川馈无花果答丝瓜之赠叠前韵

明 李东阳

翠笼珍果望还赊，报我真应愧木瓜。

采掇恐沾秋径湿，伟看不觉夜灯斜。

饱知实德非虚语，脱尽浮华是大家。

异物清诗两奇绝，渴心何必建溪茶。

无花果

　　无花果，古时又名映日果、优昙钵。《本草纲目》中记载："无花果凡数种，此乃映日果也，即广中所谓优昙钵，及波斯所谓阿驲也。"优昙钵是无花果梵语的音译。佛教将难得一见的优昙钵树开花视为佛的瑞应，因此无花果象征着祥瑞。

　　因为无花果的果形似馒头，所以也称其为木馒头。无花果实际上是开花的，只不过花生在囊状隐头花序内，从外观看只能看到果实看不见花，所以古人认为其"不花而实"。

　　无花果的口感如柿子般软烂清甜，可以直接食用，也可以入药，具有很高的营养价值。《花镜》中描写无花果："树似胡桃，三月发叶似楮，子生叶间。五月内不花而实，状如木馒头。生青熟紫，味如柿而无核。"

　　无花果原产于亚洲西部，现在我国长江流域以南及山东沿海地区有少量栽种，新疆南部栽培较多。

凉州词二首·其一

唐 王翰

葡萄美酒夜光杯，欲饮琵琶马上催。

醉卧沙场君莫笑，古来征战几人回。

　　葡萄，古时又作蒲桃、蒲陶。根据《史记》中记载，葡萄种是汉朝使者从大宛采集回来的。《花镜》中描写葡萄："张骞从大宛移来，近日随地俱有，然味不如北地所产之大而甘。蔓梗柔条，叶盛枝繁，极其长大。延蔓可数十丈，必依架附木，若蟠之高树，其实累累，悬挂可观。"

　　葡萄藤蔓蜿蜒，结出的果实晶莹剔透，在古代刺绣、织锦和瓷器等器物上经常能看到葡萄图案。缠枝葡萄是中国传统吉祥纹样之一，又名万寿藤，象征生生不息、多子多福。

　　葡萄的味道甜美可口，最重要的是葡萄可以用来酿造葡萄酒。《本草纲目》中记载："葡萄，《汉书》作蒲桃，可以造酒，人醄饮之，则酶然而醉，故有是名。"三国时曹丕对葡萄评价极高，称其为果中奇味，而且认为没有其他果子可以与之匹敌。

　　《太平御览》中描写："魏文帝诏群臣曰：中国珍果甚多，且复为说蒲萄奇味。自夏涉秋，尚有余暑，醉酒宿醒，掩露而食，甘而不餰（yuàn），脆而不酸，冷而不寒，味长汁多，除烦解饥。又以为酒，甘于曲糵，善醉而易醒，道之固已流涎咽唾，况亲食之耶。他方之果，宁有匹之者。"

　　葡萄原产于欧洲、亚洲西部和非洲北部等地区，现在我国河北、河南、山西等地均有分布。

诗经·国风·豳风·七月

先秦 佚名

六月食郁及薁，七月亨葵及菽，
八月剥枣，十月获稻，
为此春酒，以介眉寿。……

蘡（yīng）薁，又称山葡萄、野葡萄。蘡薁生长在山谷林间，生命力极其顽强，全身上下都是宝。

在葡萄引进之前，古人认知的葡萄即蘡薁。《诗经·国风·豳风·七月》中所写："六月食郁及薁，七月亨葵及菽，八月剥枣，十月获稻。"这里的"薁"指的正是蘡薁。《本草纲目》中记载："蘡薁，野生林墅间，亦可插植。蔓、叶、花、实与葡萄无异，其实小而圆，色不甚紫也。《诗》云'六月食薁'，即此。"

蘡薁与葡萄相比，果实更小，口味也更酸，可以直接食用，也能够酿酒。《广群芳谱》中记载："野葡萄，一名燕薁，一名蘡薁［《说文》云：薁，樱也。《广雅》云：燕薁，樱薁也］，一名婴舌，一名山葡萄。……蔓生，苗、叶、花、实与葡萄相似，但实小而圆，色不甚紫，亦堪为酒。"蘡薁的藤和根有很高的药用价值，茎中的纤维可以用来做绳索。

蘡薁，现在我国各地均有产。

宿太白东溪李老舍寄弟侄

唐　岑参

渭上秋雨过，北风何骚骚。
天晴诸山出，太白峰最高。
主人东溪老，两耳生长毫。
远近知百岁，子孙皆二毛。
中庭井阑上，一架猕猴桃。
石泉饭香粳，酒瓮开新槽。
爱兹田中趣，始悟世上劳。
我行有胜事，书此寄尔曹。

猕猴桃

　　猕猴桃，古时又名阳桃。《本草纲目》中记载："其形如梨，其色如桃，而猕猴喜食，故有诸名，闽人呼为阳桃。"《花镜》中也记载："猕猴桃，一名阳桃，生山谷中。藤著树而生，枝条柔弱，高二三丈。叶圆有毛，花小而淡红。实形似鸡卵，十月烂熟，色绿而甘，猕猴喜食之。"

　　猕猴桃虽然枝条柔弱，多附木而生，但是其花、叶、果都展现出旺盛的生命力。原为野生品种，后来古人多将其种植于中庭井阑上，自成一景。正如岑参在《宿太白东溪李老舍寄弟姪》中所写："中庭井阑上，一架猕猴桃。"

　　《诗经·国风·桧风·隰（xí）有苌楚》中有："隰有苌楚，猗傩（ēnuó）其枝。夭之沃沃，乐子之无知。隰有苌楚，猗傩其华。夭之沃沃，乐子之无家。隰有苌楚，猗傩其实。夭之沃沃，乐子之无室。"后人经多方考证，认为这里的"苌楚"就是指猕猴桃。

　　朱熹在《诗集传》中认为："苌楚，铫（yáo）弋，今羊桃也。子如小麦，亦似桃，猗傩柔顺也。夭，少好貌。沃沃，光泽貌。子，指苌楚也。政烦赋重，人不堪其苦，叹其不如草木之无知而无忧也。"《隰有苌楚》一篇表达的是对政烦赋重的不满，生活不堪其苦，人们觉得还不如猕猴桃这种草木无知、无忧、无家来得轻松自在。

　　猕猴桃原产于我国中部、南部至西南部，现在我国陕西、四川、贵州等地区均有分布。

玉蜀黍歌

清 郑珍

一茎数苞略同巢，
粟亦无皮差类稞。
棕笋脱绷鱼弩目，
鲛胎出骨蜂露窠。
……

082

玉米

　　玉米，又称苞米、包谷、玉高粱，古时又名玉蜀黍。收获玉米时，放眼望去一片郁郁葱葱，其间玉米籽粒金黄饱满，所以在民间年画、刺绣等装饰品中，玉米多象征五谷丰登、金玉满堂。

　　《本草纲目》中记载："玉蜀黍，种出西土，种者亦罕。其苗叶俱似蜀黍而肥矮，亦似薏苡。苗高三四尺，六七月开花成穗，如秕麦状，苗心别出一苞，如棕鱼形，苞上出白须垂垂。久则苞拆子出，颗颗攒簇。子亦大如棕子，黄白色，可煠（zhá）炒食之。"

　　《本草纲目》中提到玉米"种者亦罕"，是指玉米在刚被引进时并没有大面积种植。到了清代，因为人口增加，粮食需求量增大，玉米才开始作为粮食作物被大规模种植。

　　玉米原产于中南美洲，现在我国各地均有栽培。

除架

唐 杜甫

束薪已零落，
瓠叶转萧疏。
幸结白花了，
宁辞青蔓除。
秋虫声不去，
暮雀意何如。
寒事今牢落，
人生亦有初。

葫芦

　　葫芦，又称壶芦、蒲芦。因为"葫芦"谐音为"福禄"，所以古代人认为它是吉祥之物。而且葫芦生命力旺盛，藤蔓绵延，结子繁盛，葫芦的藤蔓又称"蔓带"，谐音为"万代"，组合在一起正好是"福禄万代"，寓意人丁兴旺、子孙昌盛。

　　葫芦曾在《诗经》中多次出现，例如：《诗经·国风·豳风·七月》中："七月食瓜，八月断壶，九月叔苴。"《诗经·国风·邶风·匏（páo）有苦叶》中："匏有苦叶，济有深涉。深则厉，浅则揭。"《诗经·小雅·南有嘉鱼》中："南有樛木，甘瓠累之。君子有酒，嘉宾式燕绥之。"

　　这里的"壶""匏"和"瓠"都是指葫芦。《本草纲目》中对"壶""匏"和"瓠"进行了区分："后世以长如越瓜，首尾如一者为瓠，音护。瓠之一头有腹，长柄者为悬瓠，无柄而圆大形扁者为匏。匏之有短柄大腹者为壶。壶之细腰者为蒲芦。各分名色，迥异于古，以今参详，其形状虽各不同，而苗、叶、皮、子、性、味则一，故兹不复分条焉。"

　　有的葫芦可以食用，而且吃法多种多样。《王氏农书》中记载："夫瓠之为物也，累然而生，食之无穷，最为佳蔬，烹饪无不宜者。"葫芦还能用来装酒或者丹药，剖开可以作瓢用以舀水或盛东西。《花镜》中描写："一种圆而大者曰匏，亦名瓢，因其可以浮水，如泡如漂也，亦可作藏酒之器。一种下大上小，腰细口细者，曰壶芦，可盛丹药。大可为瓮盎，小可以冠樽，小儿用以浮水，乐人用以作笙。"

　　葫芦原产于印度，现在我国各地都有栽培。

一剪梅·红藕香残玉簟秋

宋 李清照

红藕香残玉簟秋。
轻解罗裳，独上兰舟。
云中谁寄锦书来？
雁字回时，月满西楼。

花自飘零水自流。
一种相思，两处闲愁。
此情无计可消除。
才下眉头，却上心头。

藕，又名莲藕。《尔雅》中记载："荷，芙渠，其茎茄，其叶蕸，其本蔤，其华菡萏，其实莲，其根藕。"藕是荷花的根茎。

《陆氏诗疏广要》中记载："《字说》曰：藕藏于水，其自处卑，无所加焉。其所与污，洁白自若，中有空焉。不偶不生，若此可以偶物矣。而无枝附，泥不能污，水不能没，挺出而立，若此可以加物矣。"藕生于水中，出淤泥而不染，在古人看来是清净高洁、有节操的植物。又因为莲藕有孔，孔洞象征心窍，孔洞越多意味着心窍越通透，所以民间又称藕为聪明菜。

藕被折断后，藕丝仍相连不断，所以文人常用"藕断丝连"一词来形容男女之间的感情纠缠，例如孟郊在《去妇》中写："君心匣中镜，一破不复全。妾心藕中丝，虽断犹牵连。"苏轼在《菩萨蛮·回文夏闺怨》中写："手红冰腕藕，藕腕冰红手。郎笑藕丝长，长丝藕笑郎。"又因为"藕"音同"偶"，民间也常将藕作为结婚祝福之用，寓意佳偶天成。

藕，现在我国各地均有产。

古意

明 屈大均

百合蒜可憐，根根皆百合。

贈郎百合根，花叶休相杂。

百合

　　百合，又名百合蒜。《尔雅翼》中记载百合："百合蒜近道处有，根小者如大蒜，大者如椀（wǎn），数十片相累，状如白莲花，故名百合，言百片合成也。"《本草纲目》也记载："百合之根，以众瓣合成也。或云专治百合病，故名，亦通。其根如大蒜，其味如山薯，故俗称蒜脑薯。"

　　民间根据百合的名字，赋予其百年好合、百事合意的寓意，百合多被用于婚姻和家庭祝福，寓意夫妻感情和睦长久。

　　百合味道甘甜，具有营养滋补的功效，可以清心安神，人们很早就开始食用百合。《救荒本草》中记载："百合……救饥，采根煮熟食之，甚益人气。又云：蒸过与蜜食之，或为粉尤佳。"《山家清供》也记载："春秋仲月，采百合根，暴干，捣筛，和面作汤饼，最益血气。又蒸熟可以佐酒。"

　　百合原产于亚洲，现在我国各地均有栽培。

讽谏诗二首·其二

前秦 赵整

北园有一树，布叶垂重阴。
外虽饶棘刺，内实有赤心。

酸枣

酸枣，又称山枣、樲（èr）枣。由于全株多刺，古时又名棘。《说文解字》中记载："棘，小枣丛生者。从并束。"

《周礼》中记载："朝士掌建邦外朝之法，左九棘，孤、卿、大夫位焉，群士在其后；右九棘，公、侯、伯、子、男位焉，群吏在其后；面三槐，三公位焉，州长众庶在其后。"这里提到的"三槐九棘"，指的是周朝宫廷种有酸枣树和槐树，天子会见群臣时，三公面向三棵槐树而立，官职为孤、卿、大夫以及公、侯、伯、子、男的官员分别立于左右九棵酸枣树之下，后来用此来喻指三公九卿。古时酸枣木内芯多为赤色，人们取酸枣树赤心而外刺的特征，以此象征对君主的赤诚忠心。

古人常以酸枣枝做栅栏围挡。比如公布科举考试结果时会以酸枣枝围住试院，来防止事端，起到警示的作用，因此试院又被称为棘院或者棘围。《旧五代史》中记载："贡院旧例，放榜之日设棘于门及闭院门，以防下第不逞者。"人们也会在山间民居周围栽种酸枣，来划分居住范围，并防止野兽入侵。

人们对于酸枣的评价也有另一面。因为其带刺，为人所不喜，与苦桃、枳等常被归于恶木一类，多用于形容奸佞邪恶的小人。比如《诗经·小雅·青蝇》中有："营营青蝇，止于棘。谗人罔极，交乱四国。"《楚辞·九思·悯上》中有："鸱鸮兮枳棘，鹈集兮帷幄。"

酸枣原产于我国，现在我国中部、西南及南部地区均有分布。

如梦令·昨夜雨疏风骤

宋 李清照

昨夜雨疏风骤，
浓睡不消残酒。
试问卷帘人，
却道海棠依旧。
知否，知否？
应是绿肥红瘦。

海棠

海棠，又称海红。古人喜欢将玉兰、海棠、牡丹、桂花四者搭配栽种，组成"玉堂富贵"的吉祥寓意。

《群芳谱》中描写海棠有四种，为贴梗海棠、垂丝海棠、西府海棠和木瓜海棠，即"海棠四品"。人们常说的海棠果是西府海棠的果实。

海棠花娇美，素有"花中神仙""花贵妃"之称。海棠果微酸可口，可以健脾胃、助消化。《农政全书》中记载："海红，一名海棠梨。郑樵《通志》云：海棠子名海红，即《尔雅》赤棠也。状如木瓜而小，二月开花，八月熟。"

《花镜》中描写西府海棠："一名海红。树高一二丈，其木坚而多节，枝密而条畅，叶有类杜。二月开花，五出，初如胭脂点点然，及开，则渐成缬晕明霞，落则有若宿妆淡粉……至秋，实大如樱桃而微酸。"

海棠，现在我国山东、河南、陕西、安徽、江苏、湖北、四川等地均有栽培。

棠梨

宋 赵鼎臣

晓驱羸马日将中，
眼饱何曾念腹空。
可是爱花狂不彻，
棠梨树下觅残红。

棠梨，又称甘棠、杜梨。其果实为梨果球形，挂满枝头如豆。《本草纲目》中记载："棠梨，野梨也。处处山林有之，树似梨而小，叶似苍术，叶亦有团者、三叉者，叶边皆有锯齿，色颇黲白。二月开白花，结实如小楝子大，霜后可食。其树接梨甚嘉，有甘酢赤白二种。"

提起棠梨，古时人们常联想到"甘棠遗爱"这一典故。《诗经·国风·召南·甘棠》中描写："蔽芾甘棠，勿翦勿伐，召伯所茇。蔽芾甘棠，勿翦勿败，召伯所憩。蔽芾甘棠，勿翦勿拜，召伯所说。"这是一首怀念和歌颂召伯德政的诗。

《史记》中记载："召公之治西方，甚得兆民和。召公巡行乡邑，有棠树，决狱政事其下，自侯伯至庶人各得其所，无失职者。召公卒，而民人思召公之政，怀棠树不敢伐，歌咏之，作《甘棠》之诗。"这里解释了《甘棠》一诗的创作来源。召伯是周朝开国功臣，曾辅佐周武王灭商。后来召伯巡政时，于棠梨树下听讼断狱，深受民众爱戴。召伯死后，民间为了纪念他而作《甘棠》一诗。后来这个典故衍生出成语"甘棠遗爱"，用于称颂官员廉政爱民。

棠梨，现在我国河北、山东、甘肃等地均有分布。

放船

唐 杜甫

送客苍溪县，山寒雨不开。

直愁骑马滑，故作泛舟回。

青惜峰峦过，黄知橘柚来。

江流大自在，坐稳兴悠哉。

柚子

柚子，又称文旦、朱栾、香栾。《本草纲目》中记载："柚，色油然，其状如卣（yǒu），故名壶，亦象形。今人呼其黄而小者为蜜筒，正此意也，其大者谓之朱栾，亦取团栾之象，最大者谓之香栾。"柚子外形巨大圆润，色泽或金黄或橙红，又因为"柚"音同"佑"，作福佑守护之意。

柚子在古代是果中珍品，曾经非天子不可得。《吕氏春秋》中描写："江浦之橘，云梦之柚，汉上石耳，所以致之，马之美者，青龙之匹，遗风之乘，非先为天子，不可得而具。"

因为柚子甜美多汁，气味芳香怡人，人们常以橘、柚这类香木象征高洁清雅的君子。与其相对的是酸枣、枳和苦桃这类恶木，人们用它们来形容奸佞邪恶的小人。《韩非子》中描写道："夫树橘柚者，食之则甘，嗅之则香。树枳棘者，成而刺人，故君子慎所树。"《楚辞》中也有："斩伐橘柚兮，列树苦桃。"

在中秋时，人们常将柚子与月饼摆放在一起，以象征团圆，还会为孩童制作柚子灯，祈福平安。屈大均曾在《广东新语》中描写："八月十五之夕，儿童燃番塔灯，持柚火……柚火者，以红柚皮雕镂人物花草，中置一琉璃盏，朱光四射，与素馨茉莉灯交映。盖素馨茉莉灯以香胜，柚灯以色胜。"

柚子，现在我国长江以南各地均有分布。

得沙苑榅桲戏酬州

宋 梅尧臣

蒺藜已枯天马归，嫩蜡笼黄霜冒干。

不沉江南楂柚酸，稟驼载与吴人看。

榅桲

　　榅桲（wēn bó），又称木梨。《本草纲目》中记载："榅桲，性温而气馞，故名。馞，音孛，香气也。"榅桲长得有些像梨，闻起来气味芬芳馥郁，是性温的水果。

　　榅桲直接食用口感不佳，嚼起来如柴。古人多将其煮熟或者加工为蜜饯食用，这样其口感会大大改善。《东京梦华录》中描写："京师地寒，冬月无蔬菜，上至宫禁，下及民间，一时收藏，以充一冬食用。于是车载马驼，充塞道路。时物：姜豉、剚（zhé）子、红丝、末脏、鹅梨、榅桲、蛤蜊、螃蟹。""又有托小盘卖干果子，乃旋炒银杏、栗子、河北鹅梨……河阳查子、查条、沙苑榅桲、回马孛萄……"可见当时榅桲可作为时令蜜饯售卖。

　　榅桲香气袭人，是天然的水果薰香，古人常将其作熏香或熏衣之用。宋代《游宦纪闻》中描写："蜀人以榅桲切去顶，剜去心，纳檀香、沉香末，并麝少许，覆所切之顶线，缚蒸烂，取出候冷，研如泥，入脑子少许，和匀，作小饼烧之，香味不减龙涎。"明代《普济方》中也记载："以榅桲实初熟时，置衣笥（sì）中，其气芬馥。"

　　榅桲原产于中亚，现在我国新疆、陕西等地均有栽培。

衍斋惠香橼戏答二绝句·其一

清 查慎行

磊落筠笼五十枚，清香分供佛前来。

敢同卖菜还求益，待觅根株自接栽。

100

香橼

　　香橼，又称枸橼（jǔ yuán）。香橼肉厚不好吃，但闻起来气味清芬，古人常将其作为案头清供，也是文人画中常见的绘画元素，寓意清雅不俗。

　　香橼还是天然的水果熏香，可以香烘衣物，放置屋内作为芳香剂，则满室清甜不绝。《证类本草》中描写香橼："虽味短而香氛，大胜柑橘之类，置衣笥中，则数日香不歇。"《花镜》中也记载："其实正黄色，有大小二种。皮光细而小者为香橼，皮粗而大者为朱栾。香味不佳，惟香橼清芬袭人，能为案头数月清供。瓤可作汤，皮可作糖片、糖丁，叶可治病。"

　　古人以丝线络子编结香橼，制成香橼络儿，悬挂于床帏帐中，使淡淡的清香萦绕其间。案几上盛放香橼有专门的香橼盘，十分考究。比如高濂在《遵生八笺》中就提到盛放香橼的盘桌之讲究："香橼出时，山斋最要一事，得官哥二窑大盘，或青东磁龙泉盘、古铜青绿旧盘、宣德暗花白盘、苏麻尼青盘、朱砂红盘、青花盘、白盘数种，以大为妙，每盆置橼二十四头，或十二三者，方足香味，满室清芬。"

　　香橼原产于中国西南部和印度，现在我国台湾、福建、广东、广西、云南、湖南等地区有少量栽种。

佛手柑

明 王世贞

万里烟波贡越船，
上元灯火禁中传。
岳莲遥笔排空迹，
金粟曾看授记年。
自有色香通妙谛，
欲将清苦味真诠。
汉宫虚擢铜仙掌，
消渴文园病未痊。

　　佛手，又称佛手柑、蜜罗柑，是香橼的一个变种。因其果实成熟后，造型奇异独特，形似佛手，因此得名佛手。又因为"佛手"谐音"福寿"，被视作吉庆的象征，常与桃子和石榴出现在吉祥画中，组成"三多"，寓意多福、多寿、多子孙。

　　《本草纲目》中记载佛手："其实状如人手，有指，俗呼为佛手柑。有长一尺四五寸者，皮如橙柚而厚，皱而光泽，其色如瓜，生绿熟黄，其核细，其味不甚佳，而清香袭人。南人雕镂花鸟，作蜜煎果食，置之几案，可供玩赏。"

　　佛手气味清香，淡雅持久，被称为"香中君子"。和香橼一样，古时人们多将其作为天然的水果熏香，或者文人雅士的案上清供以供玩赏。

　　佛手原产于亚洲，现在我国主要栽培于广东、广西、云南、四川等地。

野店多卖花木瓜

宋 杨万里

天下宣城花木瓜，
日华露液绣成花。
何须猴子强呈界，
自有琼琚先报衙。

104

木瓜

木瓜，又名楙（mào）。《尔雅》中记载："楙，木瓜，实如小瓜，酢可食。"现在常吃的木瓜是原产于美洲的番木瓜，不是古籍中所载的木瓜。

《诗经·国风·卫风·木瓜》中描写："投我以木瓜，报之以琼琚。匪报也，永以为好也！投我以木桃，报之以琼瑶。匪报也，永以为好也！投我以木李，报之以琼玖。匪报也，永以为好也！"这是一首以木瓜、琼琚等作为礼物互赠，来表达青年男女爱意的诗。

木瓜、木桃和木李皆属于一种，只不过大小和味道不同。李时珍在《本草纲目》对木瓜、木桃和木李做了区分："其实如小瓜，而有鼻津润味不木者，为木瓜。圆小于木瓜，味大而酢涩者，为木桃。似木瓜而无鼻，大于木桃，味涩者，为木李，亦曰木梨，即楔櫨。"

《孔丛子》中记载："孔子曰：吾于《木瓜》，见苞苴之礼行。"苞苴，指馈赠的礼物。孔子认为《木瓜》一篇体现出了赠送礼物的礼制。《埤雅》中有："投人之道，宜有以益之，而报人则欲其坚久。故《诗》曰：投我以木瓜，报之以琼玖。"这些表明木瓜既可以作为朋友之间互赠的礼物，也是情义回报的象征。

木瓜直接吃口感微酸，所以古人常以蜜渍或是制成木瓜糕的方法食用。《本草纲目》中介绍："木瓜性脆，可蜜渍之为果。去子蒸烂，捣泥入蜜，与姜作煎，冬月饮尤佳。木桃、木李性坚，可蜜煎及作糕食之。"另外，木瓜气味芳香，可以作为室内天然的熏香。

木瓜，现在我国陕西、山东及长江流域以南各地均有分布。

送闽僧

唐　张籍

几夏京城住，
今朝独远归。
修行四分律，
护净七条衣。
溪寺黄橙熟，
沙田紫芋肥。
九龙潭上路，
同去客应稀。

芋头，古时又名蹲鸱（chī）、土芝。为什么古时称芋头为蹲鸱呢？《本草纲目》中记载："按徐铉注《说文》云：芋，犹吁也。大叶实根，骇吁人也。吁，音芋，疑怪貌。又《史记》卓文君云：岷山之下，野有蹲鸱，至死不饥。注云：芋也，盖芋魁之状，若鸱之蹲坐，故也。"

清代《潮州府志》中记载："中秋玩月剥芋食，谓之剥鬼皮。"在潮州一带，中秋吃芋头被称为剥鬼皮。因为煮熟的芋头样貌丑陋，将其剥皮，象征驱病免灾，祈福平安。

《管子》中记载："且四方之不至，六时制之。春日傅耜（zǐ sì），次日获麦，次日薄芋，次日树麻，次日绝菹，次日大雨且至，趣芸雍培。"大意是如果四方的百姓不来投奔，需要抓住春耕、收麦、种芋、种麻、除草、大雨将至及培土这六个时节发放农贷，这样百姓就会被吸引到齐国来。通过行文中所说的六个耕种时节，可知芋头是古时重要的耕种作物。

芋头易于消化，可以补中益气，营养价值很高，在饥年是重要的粮食。《史记·项羽本纪》中记载："今岁饥民贫，士卒食芋菽。"《广群芳谱》中援引《东坡杂记》中的记载："岷山之下，凶年以蹲鸱为粮，不复疫疠，知此物之宜人也。"

芋头原产于东南亚地区，现在我国南方各地多有栽培。

采菱曲

南梁　江淹

秋日心容与，
涉水望碧莲。
紫菱亦可采，
试以缓愁年。
参差万叶下，
泛漾百流前。
高彩隘通壑，
香气丽广川。
歌出棹女曲，
舞入江南弦。
乘鸾非逐俗，
驾鲤乃怀仙。
众美信如此，
无恨在清泉。

108

菱角

菱角，又名芰（jì）。《本草纲目》中解释："其叶支散，故字从支，其角棱峭，故谓之菱，而俗呼为菱角也。"《花镜》中描写菱角："菱，一名薢茩（xiè hòu），与芰本一类，但其实之角有不同。四角、三角曰芰，两角曰菱，又两角而小曰沙角。"根据《花镜》中所述，果实有两个角的称为菱角，有三个角或者四个角的称为芰。

古人认为像菱角这样的水中植物具有灵性。在中秋的时候，民间很多地方会将菱角摆上供桌，作为祭祀祈福之用。菱角的"菱"音同"伶"，江浙一带的人们常会给孩子买菱角吃，希望他们聪明伶俐。

菱角可食用，是荒年时果腹充饥的重要食粮。《本草纲目》中描述了菱角的吃法："嫩时剥食甘美，老则蒸煮食之。野人曝干，剁米为饭、为粥、为糕、为果，皆可代粮。其茎亦可暴收，和米作饭，以度荒歉，盖泽农有利之物也。"

古代文人爱写采菱曲，南北朝时期尤为盛行。古人认为女子采菱的场景非常静谧清幽，以诗词描写此景，是缓解心中忧愁的一种表达方式。比如南朝梁江淹所写的《采菱曲》："秋日心容与，涉水望碧莲。紫菱亦可采，试以缓愁年。"南朝梁徐勉所写的《采菱曲》："相携及嘉月，采菱渡北渚。微风吹棹歌，日暮相容与。"

菱角原产于我国，现在我国中部和南部地区栽培较多。

食芡有感二首·其一

宋 周𪩘芝

鸡头子熟客新尝，
流落空嗟各异乡。
红线绿荷香裹梦，
十年灯火记钱塘。

芡实

　　芡实，因其花托形似鸡头，所以又称鸡头米。芡实是"水八仙"之一，有很好的滋补功效，素有"水中人参"的美名。

　　《本草纲目》中描写芡实："五六月生紫花，花开向日，结苞外有青刺，如猬刺及栗毬之形，花在苞顶，亦如鸡喙及猬喙。剥开，肉有斑驳，软肉裹子，累累如珠玑，壳内白米，状如鱼目。深秋老时，泽农广收，烂取芡子，藏至困石，以备歉荒。"

　　《庄子》中称芡实为鸡壅："药也，其实堇也，桔梗也，鸡壅也，豕零也，是时为帝者也，何可胜言！"意思是乌头、桔梗、芡实、猪苓是上古时期的草药之王，药用价值极高。《本草纲目》中描写芡实的药效："主治湿痹，腰脊膝痛，补中，除暴疾，益精气，强志，令耳目聪明，久服轻身不饥，耐老神仙。"

　　芡实花叶似睡莲，从中伸出如鸡头般的果球。需要将果球拉出水面，用刀割下，剥开果球，才能获得里面带有褐色壳的芡实。再经过手工脱壳，方可得到白色的鸡头米。每到收获的季节，芡实采摘和剥壳都是江南一道独特的景致。清代沈朝初《忆江南》中描写："苏州好，荷水种鸡头。莹润每疑珠十斛，柔香偏爱乳盈瓯。细剥小庭幽。"

　　芡实，现在我国南北各省均有产。

石榴

唐 李商隐

榴枝婀娜榴实繁，
榴膜轻明榴子鲜。
可羡瑶池碧桃树，
碧桃红颊一千年。

　　石榴，又名安石榴。《本草纲目》中记载："榴者，瘤也，丹实垂垂如赘瘤也。《博物志》云：汉张骞出使西域，得涂林安石国榴种以归，故名。"相传石榴为张骞出使西域时从安石国带回，所以又被称为安石榴。

　　石榴火红多籽，古代有"千房同膜，千子如一"的说法，是多子多福的象征。民间常以石榴馈赠新婚夫妇，将石榴掰开，露出里面火红晶莹的籽粒，放置于婚房内，以祝福新婚夫妇幸福美满、子孙昌盛。

　　《北史·魏收传》中记载了一则关于石榴的故事："安德王延宗纳赵郡李祖收女为妃，后帝幸李宅宴，而妃母宋氏荐二石榴于帝前。问诸人，莫知其意，帝投之。收曰：石榴房中多子，王新婚，妃母欲子孙众多。帝大喜，诏收：卿还将来。仍赐收美锦二疋。"

　　北齐文宣帝的侄子安德王娶了李祖收的女儿为王妃。文宣帝前去赴宴，王妃的母亲宋氏呈献两个石榴给文宣帝。文宣帝问身旁众人这是何意，众人不知，于是把石榴扔置一边。只有大臣魏收明白其中的含义，解释道：石榴多籽，安德王新婚，王妃的母亲是希望他们夫妻子孙昌盛。文宣帝听后大喜，命魏收把石榴拾回来，并赐魏收美锦两匹。

　　石榴果实晶莹饱满，酸甜多汁，可以榨汁，可以酿酒，也可以解酒。《花镜》中描写："其实可御饥渴，酿酒浆，解酲疗病。"

　　石榴原产于巴尔干半岛至伊朗及其邻近地区，现在我国南北各地均有栽培。

出游

宋 陆游

行路迢迢入谷斜，
系驴来憩野人家。
山童负担卖红果，
村女缘篱采碧花。
箸火就炊朝甑饭，
汲泉自煮午瓯茶。
闲游本自无程数，
邂逅何妨一笑哗。

114

山楂

山楂，又称为朹（qiú）、棠梂子。据《本草纲目》中所言，因林间的猴子和老鼠喜欢食之，故山楂又被称为猴楂或鼠楂。山楂成熟时，满树果实累累，红彤彤一片，是山野村间独特的风景。民间更爱称山楂为红果或山里红，这些俗称具有朴实无华的田间气息，喜庆而又生动。

《广群芳谱》中描写山楂："其类有二种，皆生山中。一种小者，树高数尺，多枝柯，叶有五尖，色青背白，桠间有刺，三月开小白花，五出，实有赤、黄二色，九月熟，其核状如牵牛子，色微白映红，甚坚。一种大者，树高丈余，花叶皆同，但实稍大而色黄绿，皮涩，肉虚，初甚酸涩，经霜乃红，可食。"

山楂酸甜可口，具有消食健胃的作用，古人很早就会将其制成山楂糕或者山楂饼食用。《本草纲目》中记载："闽人取熟者，去皮核，捣和糖蜜，作为楂糕，以充果物……九月霜后，取带熟者，去核曝干，或蒸熟，去皮核，捣作饼子，日干用。"

山楂原产于我国，现在我国辽宁、河北、山西、江苏等地均有分布。

显圣寺庭枸杞

宋 黄庭坚

仙苗寿日月，佛界承露雨。
谁为万年计，气此一杯土。
扶疏上翠盖，磊落缀丹乳。
去家尚不食，出家何用许。
正恐落人间，采剥四时苦。
养成九节杖，持献西王母。

116

枸杞，又称枸檵（jì）。《本草纲目》中记载："枸杞，二树名。此物棘如枸之刺，茎如杞之条，故兼名之。"枸杞因为其棘如同枸树的刺，其茎如同杞树的枝条，所以取了由二者组合而成的名字。枸杞全身上下都是宝，古人常称之为"天精""仙草"或"仙人杖"，认为长久服用它可以延年益寿、轻身不老。

《广群芳谱》中记载："花、叶、根、实并用，益精补气不足，悦颜色，坚筋骨，黑须发，耐寒暑，明目安神，轻身不老。"《神农本草经疏》中也记载："枸杞，味苦寒，根大寒，子微寒，无毒。主五内邪气，热中消渴，周痹风湿……久服坚筋骨、轻身不老，耐寒暑。"

枸杞可以春季观叶，夏季赏花，秋季观果，其结出的红色果实喜庆又热烈。古代文人喜欢以枸杞入画，最常见的是由枸杞和菊花搭配组合成的杞菊延年图，作为祝寿之用，象征福寿绵长。

枸杞原产于我国，现在我国北方多数省区都有栽培。

从驿次草堂复至东屯二首·其二

唐 杜甫

短景难高卧，衰年强此身。
山家蒸栗暖，野饭射麋新。
世路知交薄，门庭畏客频。
牧童斯在眼，田父实为邻。

118

栗子，又名板栗、茅栗，古时五果之一。因为栗树和栗子的外壳都质地坚硬，所以栗子象征坚实不柔弱，进一步衍生为威严。在《仪礼》记载的周代士冠礼和聘礼等礼制中，都有栗子出现，以示威严庄重。

栗的含义还衍生为战栗。比如《论语》中记载："哀公问社于宰我。宰我对曰：夏后氏以松，殷人以柏，周人以栗。曰：使民战栗。"鲁哀公问孔子的学生宰我以什么树木作为供奉土地的神主。宰我回答夏朝用松，商朝用柏，周朝用栗。栗，是使百姓惧怕战栗之意。

又比如《左传》中记载："女贽，不过榛、栗、枣、脩，以告虔也。"意思是女子出嫁初次拜见长辈，需要献上榛子、栗子、枣和干肉，以示虔诚尊重。《尔雅翼》中解释其中各样物品的寓意："榛有臻至之义，栗有战栗之义，枣有早作之义，脩有脩饬之义，皆以其名告已之虔恭也。"这里栗子表达的正是战栗之意。

栗子甘甜美味，可以当成粮食饱腹，古人还研究出炒食栗子的做法。陆游在《老学庵游记》中提到："故都李和燺（chǎo）栗，名闻四方，他人百计效之，终不可及。"北宋都城中的李和以炒栗子出名，尽管多人仿效，但都不如他炒的栗子好吃。

栗子原产于我国，现在我国河北、山东等地为主产区。

题正仲真游园

宋 舒岳祥

借问真游趣，华胥路不赊。

青黄随涧柳，红白任岩花。

适意弦歌鸟，无私鼓吹蛙。

秋风榛子熟，撒卺散林鸦。

120

榛子

　　榛子，古时又名小栗。《尔雅翼》中记载："郑注礼曰：榛似栗而小，关中鄜坊甚多。然则其字从秦，盖此意也。"因为关中秦地多产此果，所以"榛"字从"秦"字。又因为"榛"音同"臻"，所以榛子在古时是臻至恭敬的寓意。

　　《诗经》里多次提及榛子，比如《国风·鄘风·定之方中》中有："定之方中，作于楚宫。揆之以日，作于楚室。树之榛栗，椅桐梓漆，爰伐琴桑。"《国风·邶风·简兮》中有："山有榛，隰有苓。云谁之思？西方美人。彼美人兮，西方之人兮！"

　　榛子美味，营养价值丰富，古时还被用作军粮。《证类本草》中记载："榛子味甘，平，无毒，主益气力，宽肌胃，令人不肌健行。生辽东山谷，树高丈许，子如小栗，军行食之当粮，中土亦有。"

　　榛子的果实多空少实，有"十榛九空"之说，所以需要大量采摘才能获得足够的榛果。《本草纲目》中描写："其实作苞，三五相粘，一苞一实，实如栎实，下壮上锐，生青熟褐，其壳厚而坚，其仁白而圆，大如杏仁，亦有皮尖，然多空者，故谚云：十榛九空。"

　　榛子，现在我国东北、华北、西北等地均有产。

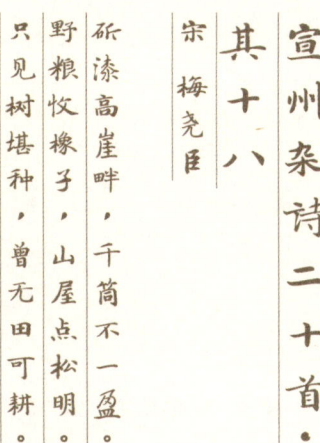

宣州杂诗二十首·
其十八

宋　梅尧臣

斫漆高崖畔，千筒不一盈。
野粮牧橡子，山屋点松明。
只见树堪种，曾无田可耕。
儿孙何所乐，向此是平生。

橡子

橡子，又名橡果、橡实。橡树也被称为栎树，是质地坚硬的树木。

《农政全书》中描写："本草：橡实，栎木子也。其壳一名杼斗，所在山谷有之，木高二三丈，叶似栗叶而大，开黄花。其实橡也，有梂汇自裹，其壳即橡斗也。橡实味苦涩，性微温，无毒。其壳斗可染皂。救饥：取子，换水浸煮十五次，淘去涩味，蒸极熟食之，厚肠胃，肥健人，不饥。"

橡子富含丰富的淀粉，可以蒸熟直接食用或者磨成橡子粉。尤其是在饥荒之年，橡子是重要的救荒粮食。《庄子》中记载："且吾闻之，古者禽兽多而人民少，于是民皆巢居以避之，昼拾橡栗，暮栖木上，故命之曰有巢氏之民。"《韩非子》中也记载："秦大饥，应侯请曰：五苑之草著、蔬菜、橡果、枣栗，足以活民，请发之。"

古人还将橡子壳煮汁用来染皂，可以将皂染成褐色。《本草纲目》中描写："栎，柞（zuò）木也，实名橡斗、皂斗，谓其斗刓剜象斗，可以染皂也。南人呼皂如柞，音相近也。"

橡子，现在我国河南、湖北、四川、贵州等地区多有产。

双调南乡子·落花生

清 叶申芗

浓翠满秋塍。
叶底轻黄袅袅紫。
浥露迎风花暗落。
难寻。
谁道花零果便成。……

124

花生

    花生，又名落花生。花生多果，从土中牵拉出其根，会有成串的果实，因此花生象征着子孙不断。民间婚礼多用花生作为吉利果，恭祝新人早生贵子、儿孙满堂。

    《花镜》中描写："引藤蔓而生，叶椏开小白花，花落于地，根即生实，连丝牵引土中，累累不断。冬尽掘取，煮食香甜可口，南浙多产之。"

    花生味道香美，还可以榨油，古人认为它有滋补益寿的功效，所以民间又称其为长生果或长寿果。《本草纲目拾遗》中记载："一名长生果。《福清县志》：出外国，昔年无之，蔓生园中，花谢时其中心有丝垂入地，结实，故名。一房可二三粒，炒食，味甚香美。康熙初年，僧应元往扶桑觅种寄回，亦可压油。"

    花生原产于南美洲，现在我国黄淮、华南、长江流域各省区多有分布。

咏红柿子

唐 刘禹锡

晓连星影出，晚带日光悬。
本因遗采掇，翻自保天年。

126

　　柿子，古时又名朱果。柿子外形圆润，成熟时橙红喜庆，如同一个个小红灯笼挂满枝头，且"柿"又音同"事"，所以吉祥图案"百事大吉""百事如意"中都有柿子，寓意事事如意。

　　《酉阳杂俎》中称赞柿有七绝："俗谓柿树有七绝：一寿，二多阴，三无鸟巢，四无虫，五霜叶可玩，六嘉实，七落叶肥大。"古人认为柿树的寿命很长，夏日多荫，树上很少有鸟巢，也很少有虫害。秋天时柿叶经霜变红，可赏玩；柿果红润，味道甜美；柿树落叶肥大，可用于书画。

　　《新唐书》中记载："虔善图山水，好书，常苦无纸，于是慈恩寺贮柿叶数屋，遂往日取叶肆书，岁久殆遍。尝自写其诗并画以献，帝大署其尾曰：郑虔三绝。"郑虔是唐代著名书法家、画家。他常苦于无纸，于是在慈恩寺储存柿叶，用来练习书画。他将在柿叶上所作的诗和画献于唐玄宗。唐玄宗大加赞赏，称其诗、书、画皆精妙，御赐"郑虔三绝"。

　　柿中有一种椑 (bēi) 柿，又称漆柿，其汁可用于制漆，涂在伞和扇子上，具有防水功效。《花镜》中记载椑柿："八月间，用椑柿捣碎，每柿一升，用水半升，酿四五时，榨取漆令干，添水再取。伞扇全赖此漆糊成也。"

　　柿子原产于我国，现在我国各地多有栽培。

北平十二咏·胡桃

明 刘嵩

碧露枝枝重，青苞颗颗匀。
叶深初覆夏，花弱不禁春。
椟隐龟筒小，浆凝密栀新。
向来谁致汝，吾欲恨平津。

核桃

核桃，又称胡桃、羌桃。《本草纲目》中解释："此果外有青皮肉包之，其形如桃，胡桃乃其核也。羌音呼核如胡，名或以此。"另一种说法是，核桃本出自羌胡，是张骞出使西域时带回的，所以又被称为胡桃或羌桃。《博物志》中记载："张骞使西域还，乃得胡桃种。"因为"核"音同"和""合"，所以民间赋予其和美、和合的寓意。

《花镜》中记载："胡桃，一名羌桃，一名万岁子。树高数丈，叶翠似梧桐，两两相对而长，且厚而多阴。三月开花如栗花，穗苍黄色，实似青桃。……采用先剖去青皮，乃得核桃。核内有白肉，形如猪脑，外有黄膜，微涩，须汤泡去之，可食。"民间认为多吃核桃能够变聪明，大概是因为核桃仁形似脑，加之有"以形补形"之说。

核桃除了能够食用，还被当作文玩把玩。相传核桃最早作为把玩之物是用于训练宫廷琴师的手指灵活度，到清朝时达官显贵将把玩核桃演变成一种高雅的玩乐方式。

核桃原产于西亚地区，现在我国黄河流域及以南地区栽培较多。

梅圣俞寄银杏

宋 欧阳修

鹅毛赠千里，
所重以其人。
鸭脚虽百个，
得之诚可珍。
问子得之谁，
诗老远且贫。
霜野摘林实，
京师寄时新。
封包虽甚微，
采撷皆躬亲。
物贱以人贵，
人贤弃而沦。
开缄重嗟惜，
诗以报殷勤。

130

　　银杏，又称白果、鸭脚。《本草纲目》中记载银杏："原生江南，叶似鸭掌，因名鸭脚。宋初始入贡，改呼银杏，因其形似小杏而核色白也，今名白果。"

　　银杏树是古老的树种，生长缓慢，寿命很长，所以又称公孙树，意思是爷爷种树，到孙子时才能够得到果实。《花镜》中记载银杏："又名公孙树，言公种而孙始得食也……实大如枇杷，每枝约有百十颗，初青后黄，八九月熟后，打下堆积空处，待其皮白腐烂，方取其核，洗净曝干。核形两头尖扁而中圆，或炒或煮而食俱可。"

　　银杏果可以少量食用，有药用价值，但是多食容易中毒。《广群芳谱》中描写银杏："气味甘，微苦，平涩无毒。生食解酒、降痰、消毒、杀虫。熟食温肺益气、定喘嗽。捣汁浣衣去油腻。食多壅气，胪胀昏顿。《三元延寿书》言：白果食满千颗杀人。"

　　银杏在古代是非常珍贵的干果。宋代梅尧臣回家乡探亲时，曾给京中的挚友们寄当地的银杏。欧阳修收到梅尧臣的礼物，回信表示感谢，作了一首《梅圣俞寄银杏》："鹅毛赠千里，所重以其人。鸭脚虽百个，得之诚可珍。"梅尧臣收到诗后，回赠一首《依韵酬永叔示予银杏》："去年我何有，鸭脚赠远人。人将比鹅毛，贵多不贵珍。"银杏成为两大文豪惺惺相惜，"千里送鹅毛"传递友情的信物。

　　银杏原产于我国，现在我国各地广泛栽培。

秋野五首·其三

唐 杜甫

礼乐攻吾短，山林引兴长。

掉头纱帽侧，曝背竹书光。

风落收松子，天寒割蜜房。

稀疏小红翠，驻屐近微香。

松子

　　松子，又称海松子、松实。《本草纲目》中记载："海松子，出辽东及云南，其树与中国松树同，惟五叶一丛者，毬内结子，大如巴豆，而有三棱，一头尖耳，久收亦油。"

　　松子的营养价值很高，古代有久食松子可轻身不老的说法。《神农本草经疏》中记载："海松子，气味香美，甘温。甘温助阳气而通经，则骨节中风，水气，及因风头眩，死肌，自除矣。气温属阳，味甘，补血。血气充足，则五脏自润，发白不饥，所由来矣。仙方服食，多饵此物，故能延年，轻身不老也。"

　　《列仙传》中记载了两则故事，一则是关于传说中的仙人偓佺（wò quán）："偓佺者，槐山采药父也，好食松实，形体生毛，长数寸，两目更方，能飞行逐走马。以松子遗尧，尧不暇服也，松者简松也，时人受服者，皆至二三百岁焉。"另一则是关于传闻中的仙人犊子："犊子者，邺人也，少在黑山采松子、茯苓，饵而服之，且数百年，时壮、时老、时好、时丑，时人乃知其仙人也。"故事中的二人都因久食松子，寿至数百岁。

　　松子，现在我国东北地区多有产。

送郑户曹赋席上
果得榧子

宋 苏轼

彼美玉山果，粲为金盘实。
瘴雾脱蛮溪，清尊奉佳客。
客行何以赠，一语当加璧。
祝君如此果，德膏以自泽。
驱攘三彭仇，已我心腹疾。
愿君如此木，凛凛傲霜雪。
砥为君椅几，滑净不容刮。
物微兴不浅，此赠无轻掷。

134

香榧

香榧，又称榧子、玉榧。香榧春末开花，到第二年秋季果实才开裂成熟。果实挂在枝头时间长，经常前一年的果还没来得及采摘，新一年的幼果已经挂在枝头，甚至出现花、果三代同枝的情况，所以民间又称香榧为三生果或三代果。

《尔雅翼》中称香榧为柀（bǐ）："其实有皮壳，大小如枣而短，去皮壳可生食，亦僣（bèi）而收之，可以经久，以小而心实者为佳。"

香榧在古代是稀有的干果，其味道甘美，营养丰富，古人将香榧制成各种特色点心或干果食用。《遵生八笺》中介绍香榧制法："将榧子用磁瓦刮黑皮，每斤净用薄荷霜白糖熬汁，拌炒香燥入供。"

香榧还具有杀虫消积的药用价值。《神农本草经疏》中描写："榧实，味甘，无毒，主五痔，去三虫、蛊毒、鬼疰。"

香榧，现在我国浙江、安徽、江西、福建等地多有分布。

沂州出山

清 查慎行

沙浅沙深突复坳，
一行疏树带烟郊。
山经齐鲁青才了，
马渡洸沂碧未胶。
小圆重樊因枳棋，
浮桥粗就赖芦茭。
经旬尚滞黄河北，
渐喜鱼羹入客庖。

枳椇

　　枳椇，又称拐枣、鸡距子、鸡爪梨。《本草纲目》中记载："又作枳枸，皆屈曲不伸之意，此树多枝而曲，其子亦卷曲，故以名之。"枳椇树的枝条弯曲且繁多，其果实形状亦弯曲，因而得名。

　　枳椇是古老而又地位尊崇的水果，其味道甜美如蜜，久服还可以轻身延年，补气养颜，所以又被称为万寿果。

　　《花镜》中描写枳椇："嫩时青色，经霜乃黄，味甘如蜜，嫩叶生啖亦甜。老枝细破，煎汁成蜜，倍甜。能止渴解烦，但败酒味。若以此木为柱，则屋中之酒必薄。每实开歧尽处，结一二小子，内有扁核，色亦如酸枣仁，飞鸟喜巢其上。"

　　《花镜》里提到了枳椇的两个特点。一是枳椇有解酒的功效。《陆氏诗疏广要》中描写枳椇："昔有南人修舍，用此木，悮有一片落在酒瓮中，其酒化为水味。"二是飞鸟喜欢筑巢于枳椇之上。宋玉曾作《风赋》："臣闻于师：枳句来巢，空穴来风。"枳椇树枝弯曲，子实甘美，吸引飞鸟前来筑巢。

　　枳椇，现在我国黄河流域和长江流域均有分布。

你好，中国果语

冬藏

赠刘景文

宋 苏轼

荷尽已无擎雨盖，
菊残犹有傲霜枝。
一年好景君须记，
最是橙黄橘绿时。

140

橙子

　　橙子，古时又名金毬。《本草纲目》中记载："陆佃《埤雅》云：橙，柚属也。可登而成之，故字从登，又谐声也。"因为橙子颜色橙黄喜庆，"橙"又音同"成"，所以逢年过节时，人们常以橙作为礼物赠送，寓意心想事成。

　　橙子要比橘子结果早，橙子黄时，橘子刚绿。《尔雅翼》中描写："橙之芳用在皮，甘之甘在瓤。其木似橘，其叶中细如蜂腰。其实稍早，橙之黄时，橘方尚绿，其形圆大于橘而香，皮厚而皱，乃正黄色，不若甘橘之带赤也。"橙黄橘绿是秋末冬初的一道优美风景，正如苏轼在《赠刘景文》中所描写的："一年好景君须记，最是橙黄橘绿时。"

　　《广群芳谱》中描写橙子的用途："树似橘，有刺，实似柚而香，晚熟耐久，大者如碗，经霜始熟。叶大有两刻缺如两段，皮厚蹙衄如沸，香气馥郁。可薰衣，可芼鲜，可和菹醢（hǎi），可为酱齑（jī），可蜜煎，可糖制为橙丁，可蜜制为橙膏，可合汤待宾客，可解宿酒速醒。"橙子香气馥郁，用途多样：可以薰衣服，可以作为吃鱼的佐料，可以调和成酱，可以切碎成调料，可以蜜煎，可以做橙丁、橙膏，可以做汤，还可以解宿醉。

　　橙子原产于我国，现在我国主要产于广东、四川、湖南、福建、广西、江西、台湾等地。

感遇十二首·其七

唐 张九龄

江南有丹橘，
经冬犹绿林。
岂伊地气暖，
自有岁寒心。
可以荐嘉客，
奈何阻重深。
运命惟所遇，
循环不可寻。
徒言树桃李，
此木岂无阴？

橘子，又称柑橘。《本草纲目》中记载："橘，从矞，音鹬，谐声也。又云五色为庆，二色为矞。矞云外赤内黄，非烟非雾，郁郁纷纷之象。橘实外赤内黄，剖之香雾纷郁，有似乎矞云，橘之从矞，又取此意也。"矞，古时指包含两种颜色的祥云（也有说三色为矞）。李时珍认为橘子外红内黄，很像矞云的颜色，所以"橘"字的形旁为"矞"字。

因为"橘"谐音"吉"，所以民间认为橘子寓意吉利，大橘即大吉。逢年过节橘子常被用作装饰或礼物，取其大吉大利的寓意。

橘子不仅酸甜味美，还有经济效益，古人称其为木奴。《三国志·吴书》记载："衡每欲治家，妻辄不听，后密遣客十人，于武陵龙阳汎洲上作宅，种甘橘千株。临死，敕儿曰：……然吾州里有千头木奴，不责汝衣食，岁上一匹绢，亦可足用耳。……岁得绢数千匹，家道殷足。"

三国时期吴国丹阳太守李衡屡次想要置业，都遭到妻子的反对。后来他密派家客十人到武陵龙阳汎洲上盖宅子，并种千株柑橘，临死前对儿子说养了上千株木奴。后来李衡所种的橘树泽被子孙，每年盈利值千匹绢，使后代家道殷实。

橘子气味芳香，常被用来比喻君子般高洁的品格。屈原曾作《楚辞·九章·橘颂》："后皇嘉树，橘徕服兮。受命不迁，生南国兮。深固难徙，更壹志兮。"他认为橘生淮南，受命不迁，坚贞的品格犹如君子般矢志不移，忠贞不贰。

橘子，现在我国秦岭、淮河以南广泛栽培。

有木诗八首·其三

唐 白居易

有木秋不凋，青青在江北。
谓为洞庭橘，美人自移植。
上受顾盼恩，下勤浇溉力。
实成乃是枳，臭苦不堪食。
物有似是者，真伪何由识。
美人默无言，对之长叹息。
中含害物意，外矫凌霜色。
仍向枝叶间，潜生刺如棘。

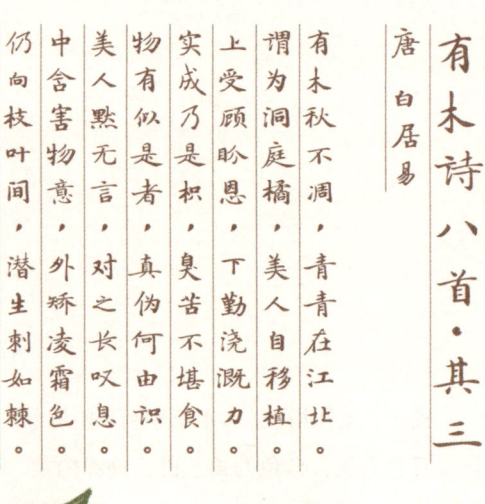

144

枳，又称枸橘。枳树全身带刺，虽与橘树很像，但其果实味酸。

《周礼》中记载："橘踰淮而北为枳，鹢鸰不踰济，貉踰汶则死，此地气然也。"意思是同一物种会因生长环境发生变化而产生变异。古人多不喜枳，常将其与酸枣、苦桃等相提并论，归于恶木一类。

成语"南橘北枳"出自《晏子春秋》："晏子至，楚王赐晏子酒。酒酣，吏二缚一人诣王。王曰：缚者曷为者也？对曰：齐人也，坐盗。王视晏子曰：齐人固善盗乎？晏子避席对曰：婴闻之，橘生淮南则为橘，生于淮北则为枳。叶徒相似，其实味不同，所以然者何？水土异也。今民生长于齐不盗，入楚则盗，得无楚之水土使民善盗耶？"

晏子使楚，楚国官吏押解一齐国盗贼来见，楚王故意问晏子："齐国人是不是很会偷盗？"晏子淡定地回答："橘生淮南则为橘，生于淮北则为枳。二者的叶子虽然相似，但果实的味道不同。为什么会这样呢？是因为两地水土不同。这个人在齐国不偷盗，到楚国却偷盗，莫非是楚国水土的原因？"楚王本想借机羞辱晏子，却没想到被晏子机智地化解了。

虽然枳难以直接食用，但可以入药。《本草纲目》中记载："至秋成实，七月、八月采者为实，九月、十月采者为壳。今医家以皮厚而小者为枳实，完大者为枳壳。"枳树幼小的果实被称为枳实，快成熟的果实被称为枳壳。

枳原产于我国，现在我国北自山东、南至广东均有分布。

内直以金橘送七兄

宋 周必大

昼卧玉堂殿，眼看金弹丸。
禹包经岁月，郑驿助杯盘。
黄带霜前绿，甘移醉后酸。
江湖有兄弟，此日忆团栾。

146

金橘

　　金橘，又作金桔，古时又名金柑、卢橘。《本草纲目》中记载："此橘生时青卢色，黄熟则如金，故有金橘、卢橘之名。"金橘成熟时果实金黄圆润，如黄金弹丸挂满枝头，所以民间将金橘比喻为黄金丸、金弹丸和黄金弹等。又因为"橘"字谐音"吉"字，过年时人们喜欢摆上一盆金橘，取其黄金万两、大吉大利的吉祥寓意。

　　欧阳修在《归田录》中描写："金橘产于江西，以远难致，都人初不识。明道景祐初，始与竹子俱至京师。竹子味酸，人不甚喜，后遂不至。而金橘香清味美，置之樽俎间，光彩灼烁，如金弹丸，诚珍果也。都人初亦不甚贵，其后因温成皇后尤好食之，由是价重。"北宋时，京都人起初并不认识金橘，直到宋仁宗时期金橘才运至京都。起初京都的金橘价格不贵，后因温成皇后很喜欢吃金橘，金橘的价格因此上涨。

　　金橘吃起来酸甜可口，古人将其制成蜜饯，或者将其加入吃脍的专门佐料脍醋中。《广群芳谱》中记载："生则深绿，熟乃黄如金，味酸甘而芳香可爱。糖造蜜煎皆佳，广人连枝藏之入脍醋，尤香美。"

　　金橘原产于我国，现在我国长江流域及其以南各地均有分布。

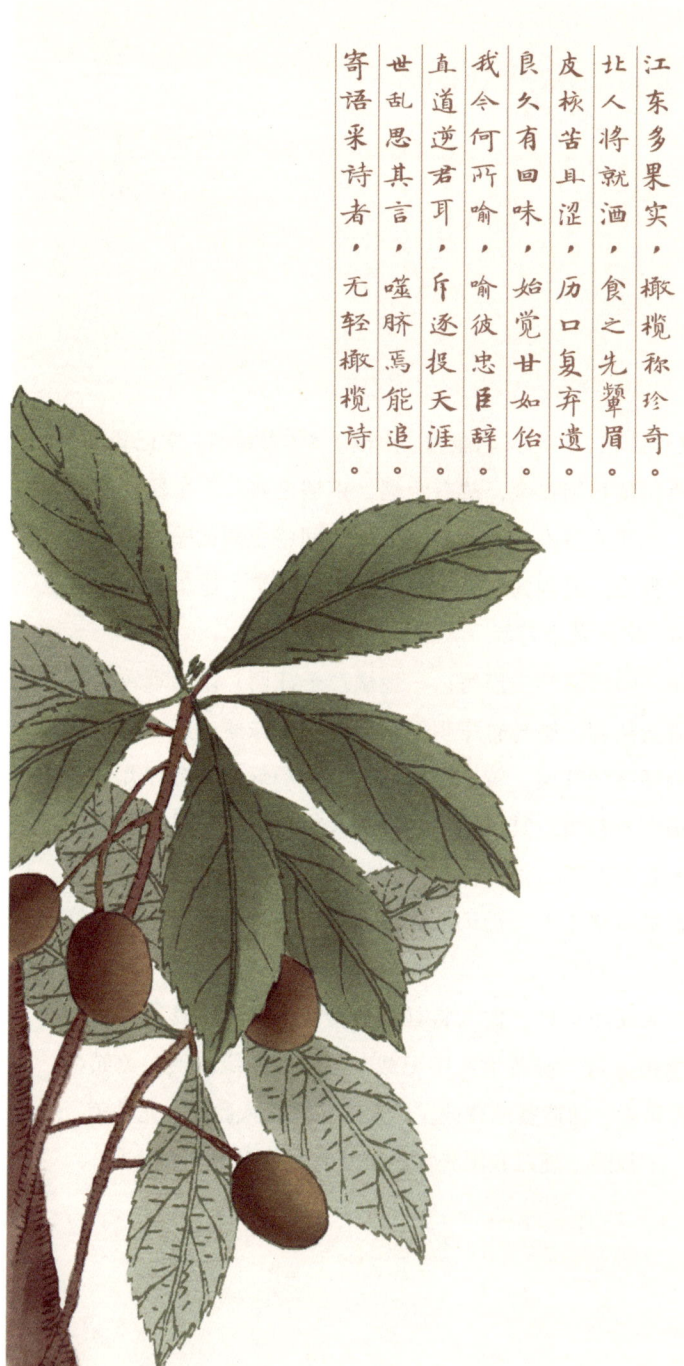

橄榄

宋 王禹偁

江东多果实，橄榄称珍奇。
北人将就酒，食之先颦眉。
皮核苦且涩，历口复弃遗。
良久有回味，始觉甘如饴。
我今何所喻，喻彼忠臣辞。
直道逆君耳，斥逐投天涯。
世乱思其言，噬脐焉能追。
寄语采诗者，无轻橄榄诗。

148

　　橄榄，又名青果、忠果和谏果。《本草纲目》中描写："此果虽熟，其色亦青，故俗呼青果。其有色黄者，不堪病物也。王祯云：其味苦涩，久之方回甘味。王元之作诗，比之忠言逆耳，乱乃思之，故人名为谏果。"橄榄初食时带酸涩，但是其回味甘甜，这就好似忠臣的谏言，所以被称为谏果，象征忠言逆耳。

　　《本草纲目》中所提王元之，即王禹偁（chēng），是北宋著名直臣，他一生刚正不阿，直言敢谏。他曾作《橄榄》诗，将橄榄比喻为忠臣的谏言："良久有回味，始觉甘如饴。我今何所喻，喻彼忠臣辞。"自此之后，橄榄便有了忠果、谏果的美名。因为橄榄先苦后甘，有君子之风，象征耿直中正，深受宋代文人的喜爱。橄榄常常作为他们相互之间馈赠的礼物，人们也常以其作为题材创作，苏轼、黄庭坚、梅尧臣和欧阳修等，都有相应的橄榄诗词作品。

　　橄榄可以生食，也可以盐腌或者蜜渍，食之可生津止渴，清肺利咽。《花镜》中描写橄榄："深秋方熟，入口虽酢，后渐清芬，胜于鸡舌者……其尖而香者，名丁香橄榄，最为珍品。圆而大者，俗名柴橄榄，初食之甚涩，殆咀嚼久之，随饮以水，回味自甘。煮食可解酒毒，置汤中可以代茶。盐淹、蜜渍皆宜。"

　　橄榄，现在我国福建、台湾、广东、广西、云南等地均有分布。

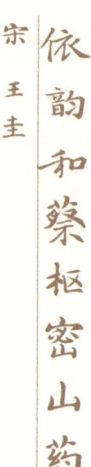

依韵和蔡枢密山药

宋 王圭

凤池春晚绿生烟，曾见高枝蔓正延。

常伴兔丝留我篚，几随竹叶泛君筵。

谁言御水传名久，须信睢园得地偏。

才获灵根便亲植，一番新叶已森然。

山药

　　山药，又称山芋，古时又名薯蓣。《神农本草经疏》中记载："薯蓣，味甘，温平，无毒。主伤中，补虚羸，除寒热邪气，补中，益气力，长肌肉。……久服耳目聪明，轻身，不饥，延年。"古人认为山药有很高的营养价值，不仅可以充饥，久食则可以轻身不老，延年益寿。

　　《说郛》中解释了薯蓣改名山药的缘故："山药本名薯蓣，避唐代宗讳豫，改名薯药。宋英宗讳曙，遂名山药。"因为"蓣"音同"豫"，唐代时为了避讳唐代宗李豫的名字，改名薯药。又因为"薯"音同"曙"，宋代时为了避讳宋英宗赵曙的名字，而改称山药。

　　此外山药还有个特别的称谓，名作"月一盘"。《清异录》中记载："蜀孟昶月旦必素飧，性喜薯药，左右因呼薯药为月一盘。"因为后蜀皇帝孟昶每月初一必吃素食，喜食山药，所以人们称山药为月一盘。

　　山药原产于我国，现在我国各地均有栽培。

台湾竹枝词

清 黄逢昶

昨夜闻声卖地瓜，隔墙疑是故侯家。

平明去问瓜何在，笑指红薯绕屋华。

152

甘薯

　　甘薯，又称番薯、地瓜、红薯、白薯。甘薯在古代是重要的充饥食物。

　　《本草纲目》中记载："按陈祈畅《异物志》云：甘薯出交广，南方民家以二月种，十月收之。其根似芋，亦有巨魁。大者如鹅卵，小者如鸡鸭卵，剥去紫皮，肌肉正白如肌。南人用当米谷果食，蒸炙皆香美。初时甚甜，经久得风稍淡也。"甘薯自明代时引入我国，因其适应能力强，蒸烤味道甜美，在清代时成为重要的粮食作物。

　　此外，甘薯营养价值丰富，古人认为久食可以滋补少病。《广群芳谱》中描写："形圆而长，本末皆锐，肉紫皮白，质理腻润，气味甘平，无毒，补虚乏，益气力，健脾胃，强肾阴，与薯蓣同功，久食益人。"

　　甘薯原产于南美洲热带地区，现在我国黄淮平原、长江中下游和东南沿海地区多有种植。

蔬圃绝句七首·其一

宋 陆游

拟种芜菁已是迟，
晚菘早韭恰当时。
老夫要作斋盂备，
乞得青秧趁雨移。

154

　　白菜，古时又名菘。《埤雅》中记载："菘，性陵冬不凋，四时长见，有松之操，故其字会意。而本草以为交耐霜雪也。"白菜凌冬不凋，能耐风雪，有松树的品格，因此得名菘。又因为"白菜"谐音"百财"，所以民间赋予白菜富贵百财的寓意。

　　白菜看似普通，却是冬日必不可少的蔬菜，民间有"百菜不如白菜"的说法。《广群芳谱》中描写白菜："诸菜中最堪常食……有二种，一种茎圆厚微青，一种茎扁薄而白。叶皆淡青白色，子如芸薹子而灰黑。八月种，二月开黄花，四瓣如芥花，三月结角亦如芥。燕赵、辽阳、淮扬所种者，最肥大而厚，一本有重十余斤者。南方者畦内过冬，北方多入窖内。"

　　《南史》中记载了一则关于早韭晚菘的故事。周颙（yóng）是南北朝时期南朝著名文学家，佛学造诣精深，常年独处山中，过着清心寡欲的生活。《南史》中描写其生活："清贫寡欲，终日长蔬，虽有妻子，独处山舍。甚机辩，卫将军王俭谓颙曰：卿山中何所食？颙曰：赤米白盐，绿葵紫蓼。文惠太子问颙：菜食何味最胜？颙曰：春初早韭，秋末晚菘。"文惠太子问他何种蔬菜最美味时，周颙认为初春的韭菜和秋末冬初的大白菜最为美味。这个典故是成语"早韭晚菘"的由来，表达了时令的蔬菜才是最美味的。

　　白菜原产于我国，现在我国各地广泛栽培。

题沈周写生二十四种·

胡萝卜

清 乾隆

爱此珊瑚箸，堪登白玉盘。
可蔬亦可果，宜脆复宜干。
色相出元代，采烹奉可汗。
成名独惟尔，羞杀汉衣冠。

156

胡萝卜

胡萝卜，又称红萝卜、甘荀（xún）。《本草纲目》中记载："元时始自胡地来，气味微似萝卜，故名。"胡萝卜营养丰富，民间常称其为小人参。

《广群芳谱》中描写胡萝卜："有黄、赤二种，长五六寸，宜伏内畦种，肥地亦可漫种。大者盈握，冬初掘取，生熟皆可啖，可果可蔬。茎高二三尺，有白毛，气如蒿，不可生食，贫人晒干，冬月亦可拌腐充饥。"

秋冬季是食胡萝卜的好时节。《植物名实图考》中描写："南方秋冬方食，北地则终年供茹……然其味与邪蒿为近，嗜大尾羊者，必合而烹之。"可见胡萝卜和羊肉在古时便是绝佳搭配。

胡萝卜原产于地中海地区，现在我国各地均有栽培。

上京十咏·芦菔

元 许有壬

性质宜沙地，栽培属夏畦。

熟登甘似芋，生荐脆如梨。

老病消凝滞，奇功直品题。

故园长尺许，青叶更堪斎。

158

萝卜

　　萝卜，古时又名芦菔、莱菔。《本草纲目》中记载："莱菔乃根名。上古谓之芦萉（fú），中古转为莱菔，后世讹为萝卜。"因为其古名"莱菔"音同"来福"，所以萝卜象征吉祥福气。明清时期的岁朝图中常有萝卜入画，寓意福气临门。萝卜是古代民间的家常蔬果，不仅清脆味美，还有丰富的营养价值。

　　《王氏农书》中描述了四时萝卜的名字："四时皆可种，然不如末伏秋初为善，破甲以后便可供食。老圃云：萝卜一种而四名，春日破地锥，夏日夏生，秋日萝卜，冬日土酥。"李时珍在《本草纲目》中也给予了萝卜极高的评价："根叶皆可生，可熟，可菹，可酱，可豉，可醋，可糖，可腊，可饭，乃蔬中之最有利益者。"

　　吴其濬在《植物名实图考》中生动地描写了他在燕蓟地区吃萝卜的场景："冬飙撼壁，围炉永夜，煤焰烛窗，口鼻炱（tái）黑。忽闻门外有卖水萝卜赛如梨者，无论贫富毫稚，奔走购之，唯恐其过街越巷也。琼瑶一片，嚼如冰雪，齿鸣不已，众热俱平，当此时曷异醍醐灌顶？"冬日夜晚围炉取暖，正被煤烟熏得口鼻发黑时，忽然听到门外叫卖萝卜声，买来切一片放入口中，如同嚼冰雪般醍醐灌顶，解热舒爽无比。

　　萝卜原产于我国，现在我国各地均有栽培。

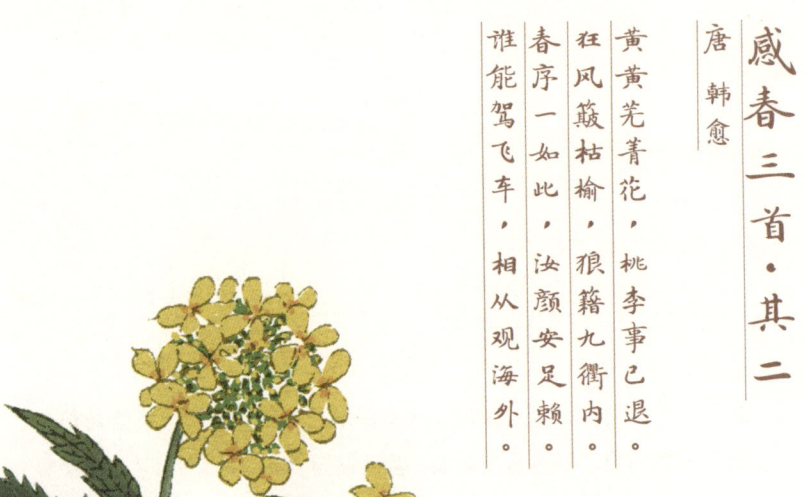

感春三首·其二

唐 韩愈

黄黄芜菁花，桃李事已退。
狂风簸枯榆，狼籍九衢内。
春序一如此，汝颜安足赖。
谁能驾飞车，相从观海外。

芜菁

芜菁，又称蔓菁，俗称大头菜。它在古代的名字非常多，《植物名实图考》中记载："昔人谓葑、须芥、蕦（sūn）、芜、莸（ráo）、芜菁、蔓菁七名一物。蜀人谓之诸葛菜，今辰、沅有马王菜，亦即此。"

芜菁一年四季皆可食用，春食苗，夏食心，秋食茎，冬食根。芜菁也被称为葑，《诗经》中就曾多次提到葑。如《国风·邶风·谷风》有："采葑采菲，无以下体。"《国风·唐风·采苓》有："采葑采葑，首阳之东。"

芜菁还被称为诸葛菜。至于为什么叫这个名字，《刘宾客嘉话录》里刘禹锡和韦绚的对话给出了解释："公曰：诸葛所止，令兵士独种蔓菁者何？绚曰：莫不是取其才出甲者生啖，一也；叶舒可煮食，二也；所居随以滋长，三也；弃去不惜，四也；回则易寻而采之，五也；冬有根可劚（zhú）食，六也。比诸蔬属，其利不亦博乎？曰：信矣。一蜀之人，今呼蔓菁为诸葛菜，江陵亦然。"

相传诸葛亮带兵所到之处都会让士兵种芜菁。芜菁不仅可以生食，还可以煮食，在所居之地可以任其生长，弃之也不可惜，回来时容易采食，其根到了冬天还可以食用，因此蜀人称其为诸葛菜。张岱在《夜航船》中称赞芜菁为五美菜："其菜有五美：可以生食，一美；可菹，二美；根可充饥，三美；生食消痰止渴，四美；煮食之补人，五美。故又名五美菜。"

芜菁原产于我国及欧洲北部，现在我国各地广泛栽培。

甘蔗

宋　苏轼

老境于吾渐不佳，
一生拗性旧秋崖。
笑人煮簀何时熟，
生啖青青竹一排。

162

　　甘蔗，古时又名诸柘（zhè）。司马相如的《子虚赋》中描写："其东则有蕙圃：衡兰、芷若、芎䓖、菖蒲、茳蓠、蘪芜、诸柘、巴且。"这里的"诸柘"即甘蔗。

　　甘蔗早期是作为祭品以供冬日祭祀用的。《太平御览》中提到："卢谌《祭法》曰：冬祀用甘蔗。范汪《祠制》曰：孟冬祀用甘蔗。"因为甘蔗逐节向上生长，民间常在春节期间将其摆放于家门口，预示蒸蒸日上、节节高升。

　　甘蔗另有渐入佳境的寓意，这与东晋大画家顾恺之密不可分。《晋书》中记载："恺之每食甘蔗，恒自尾至本。人或怪之，云：渐入佳境。"常人吃甘蔗都会自上而下，从甘蔗的顶端开始吃起。而顾恺之恰恰相反，选择自下而上，从甘蔗的尾端开始吃起。他认为以这种吃法越向上啃甘蔗就越甜美，会渐入佳境。这也是"渐入佳境"这个成语的出处。

　　甘蔗除了可以直接食用，也可以榨成甘蔗汁，古人很早就发现甘蔗可以制成糖，或者煎炼成石蜜（类似于结晶后的冰糖）。《齐民要术》中记载："《异物志》曰：甘蔗，远近皆有……长丈余，颇似竹，斩而食之，既甘。迮取汁如饴饧，名之曰糖，益复珍也。又煎而曝之，既凝而冰，破如砖，其食之入口消释，时人谓之石蜜者也。"

　　甘蔗，现在我国主要分布于广东、广西、福建等地区。

东昌道中偶阅画册各赋短句·荸荠

明 吴宽

累累满筐盛，上带斁门土。
咀嚼味还佳，地栗何足数。

　　荸荠（bí qi），又称马蹄、地栗，又名乌芋、凫茈（fú cí）或凫茨。《本草纲目》中记载："乌芋，其根如芋，而色乌也。凫喜食之，故《尔雅》名凫茈，后遂讹为凫茨，又讹为葧脐，盖切韵凫葧同一字母，音相近也。三棱、地栗，皆形似也。瑞曰：小者名凫茈，大者名地栗。"李时珍认为因为凫（野鸭）喜欢吃荸荠，所以荸荠得名凫茈。而乌芋、三棱和地栗这些名字，都是因为形似而得名。

　　荸荠清脆可口，味道甘甜，有"地下雪梨"的美称，是"水八仙"之一。因为"荸荠"谐音"备齐"，所以一些地方常在过年祭灶的时候买荸荠，表示年货已经备齐。

　　除了代水果食用，荸荠在古代的荒年还可以用来充饥。《东观汉记》中记载："王莽末，南方饥馑，人庶群入野泽，屈凫茈而食，更相侵夺。"明代王鸿渐在《题野荸荠图》中描写："野荸荠，生稻畦，苦薅不尽心力疲，造物有意防民饥。年来水患绝五谷，尔独结实何累累。"

　　荸荠有清热止渴、消食化积的功效，此外古人认为它可以软化铜。《夜航船》中描写："荸荠煮铜则软，甘草煮铜则硬。"《本草纲目》中也有记载："机曰：乌芋善毁铜，合铜钱嚼之则钱化，可见其为消坚削积之物。"

　　荸荠原产于印度，现在我国江苏、安徽、浙江、广东等低洼地区多有分布。

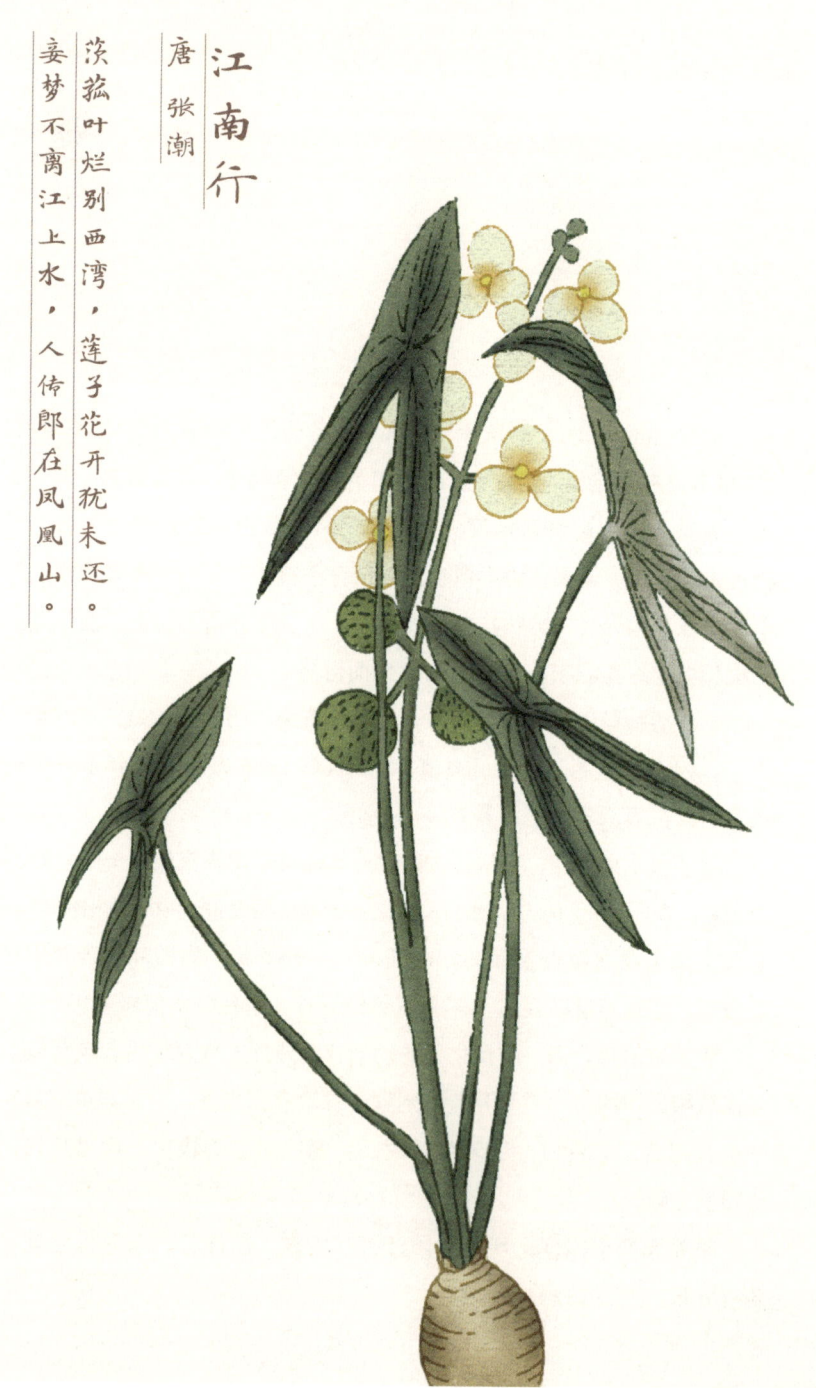

江南行

唐 张潮

茨菰叶烂别西湾，莲子花开犹未还。
妾梦不离江上水，人传郎在凤凰山。

慈姑，又称茨菰。《本草纲目》中记载："慈姑，一根岁生十二子，如慈姑之乳诸子，故以名之。"因为"一根岁生十二子"，慈姑被赋予多子多福、母慈子孝的吉祥含义。

慈姑和荸荠一南一北，是春节期间必备的吉利果。上海话里"慈"谐音"是"，旧时祭灶会摆上糖瓜和慈姑，糖瓜粘灶王爷的嘴巴，慈姑让灶王爷在玉皇大帝面前只会说"是是是"，希望他"上天言好事，回宫降吉祥"。

慈姑叶似剪刀，开小白花，其球茎要比芋头小。《花镜》中描写慈姑："叶有两岐如燕尾，又似剪。一窠花挺一枝，上开数十小百花，瓣四出而不香。生陂池中，苗之高大，比于荷蒲。一茎有十二实，岁闰则增一实，似芋而小。"

慈姑吃起来清甜微苦，是"水八仙"之一。《本草纲目》中描写慈姑的食用方法："霜后叶枯，根乃练结，冬及春初，掘以为果，须灰汤煮熟，去皮食，乃不麻涩干人咽也。嫩茎亦可煤食。又取汁，可制粉霜、雌黄。"

慈姑原产于我国，现在我国华中和华南地区多有栽培。

你好，中国果语

参考文献

《诗经》，中华书局，2015

《楚辞》，中华书局，2022

《论语 大学 中庸》，中华书局，2015

《礼记》，上海古籍出版社，2016

《周礼》，中华书局，2022

《庄子》，中华书局，2016

《韩非子》，中华书局，2016

《管子》，中华书局，2022

《晏子春秋》，中华书局，2015

《吕氏春秋》，上海古籍出版社，2014

《列仙传》，中华书局，2021

《神农本草经》，广东科技出版社，2022

春秋 左丘明，《左传》，上海古籍出版社，2016

秦 孔鲋，《孔丛子》，中华书局，2009

西汉 司马迁，《史记》，上海古籍出版社，2016

东汉 班固，《汉书》，中华书局，2012

东汉 许慎，《说文解字》，北京联合出版公司，2018

东汉 刘珍，《东观汉记》，汇聚文源，2015，电子版

三国吴 陆玑，《毛诗陆疏广要》，钦定四库全书经部，商务印书馆，2006 影印本

西晋 张华，《博物志》，中华书局，2019

西晋 陈寿，《三国志》，上海古籍出版社，2017

西晋 嵇含，《南方草木状》，明天远航，2023，电子版

东晋 葛洪，《神仙传》，中华书局，2018

东晋 郭璞，《尔雅》，上海古籍出版社，2015

北朝 贾思勰，《齐民要术》，中华书局，2022

唐 玄奘，《大唐西域记》，中华书局，2022

唐 房玄龄，《晋书》，大吕文化，2022，电子版

唐 李延寿，《南史》，大吕文化，2022，电子版

唐 李延寿，《北史》，大吕文化，2022，电子版

唐 段成式，《酉阳杂俎》，上海古籍出版社，2012

唐 韦绚，《刘宾客嘉话录》，汇聚文源，2015，电子版

北宋 陶穀、吴淑，《清异录·江淮异人录》，上海古籍出版社，2019

北宋 薛居正等，《旧五代史》，大吕文化，2022，电子版

北宋 李昉等，《太平广记》，中华书局，2023

北宋 李昉等，《太平御览》，钦定四库全书子部，商务印书馆，2006 影印本

北宋 欧阳修等，《新唐书》，大吕文化，2022，电子版

北宋 欧阳修，《归田录（外五种）》，上海古籍出版社，2012

北宋 唐慎微，《证类本草》，汇聚文源，2015，电子版

北宋 王辟之、南宋 陈鹄，《渑水燕谈录·西塘集耆旧续闻》，上海古籍出版社，2012

北宋 陆佃，《埤雅》，浙江大学出版社，2008

南宋 孟元老，《东京梦华录》，三秦出版社，2021

南宋 罗愿，《尔雅翼》，黄山书社，2013

南宋 周去非，《岭外代答》，汇聚文源，2015，电子版

南宋 朱熹，《诗集传》，中华书局，2017

南宋 陆游，《老学庵笔记》，中华书局，2019

南宋 张世南，《游宦纪闻》，汇聚文源，2015，电子版

元 王祯，《王氏农书》，钦定四库全书子部，商务印书馆，2006 影印本

元 脱脱、阿鲁图，《宋史》，大吕文化，2022，电子版

明 陶宗仪，《说郛》，钦定四库全书子部，商务印书馆，2006 影印本

明 李时珍，《本草纲目》，钦定四库全书子部，商务印书馆，2006 影印本

明 高濂，《遵生八笺》，团结出版社，2021

明 王象晋，《二如亭群芳谱：明代园林植物图鉴》，上海交通大学出版社，2020

明 缪希雍，《神农本草经疏》，钦定四库全书子部，商务印书馆，2006 影印本

明 张岱，《夜航船》，古吴轩出版社，2021

明 徐光启，《农政全书校注》，中华书局，2020

清 李渔，《闲情偶寄》，中华书局，2018

清 屈大均，《广东新语》，汇聚文源，2015，电子版

清 陈淏，《花镜》，浙江人民美术出版社，2019

清 王士禛，《池北偶谈》，汇聚文源，2015，电子版

清 汪灏，《御定佩文斋广群芳谱》，钦定四库全书子部，商务印书馆，2006 影印本

清 高拱乾，《台湾府志》，汇聚文源，2015，电子版

清 赵学敏，《本草纲目拾遗》，汇聚文源，2015，电子版

清 洪亮吉，《北江诗话》，人民文学出版社，2019

清 纪昀，《阅微草堂笔记》，上海古籍出版社，2017

清 顾禄，《清嘉录》，江苏凤凰文艺出版社，2023

清 吴其濬，《植物名实图考》，文物出版社，1993 影印本

清 薛绍元等，《台湾通志》，汇聚文源，2015，电子版

葛虚存，《清代名人轶事》，山西古籍出版社，1997，电子版

潘富俊，《美人如诗，草木如织：诗经植物图鉴》，九州出版社，2018

潘富俊，《草木零落，美人迟暮：楚辞植物图鉴》，九州出版社，2018

潘富俊，《字里行间，草木皆兵：成语典故植物图鉴》，九州出版社，2019